Studienskripten zur Soziologie

20 E.K.Scheuch/Th.Kutsch, Grundbegriffe der Soziologie
    Grundlegung und Elementare Phänomene
    2. Auflage. 376 Seiten. DM 17,80

22 H. Benninghaus, Deskriptive Statistik
    (Statistik für Soziologen, Bd. 1)
    5. Auflage. 280 Seiten. DM 18,80

23 H. Sahner, Schließende Statistik
    (Statistik für Soziologen, Bd. 2)
    2. Auflage. 188 Seiten. DM 15,80

24 G. Arminger, Faktorenanalyse
    (Statistik für Soziologen, Bd. 3)
    198 Seiten. DM 16,80

25 H. Renn, Nichtparametrische Statistik
    (Statistik für Soziologen, Bd. 4)
    138 Seiten. DM 14,80

26 K. Allerbeck, Datenverarbeitung in der
    empirischen Sozialforschung
    Eine Einführung für Nichtprogrammierer
    187 Seiten. DM 10,80

27 W. Bungard/H.E. Lück, Forschungsartefakte
    und nicht-reaktive Meßverfahren
    181 Seiten. DM 15,80

28 H. Esser/K. Klenovits/H. Zehnpfennig,
    Wissenschaftstheorie 1 Grundlagen
    und Analytische Wissenschaftstheorie
    285 Seiten. DM 18,80

29 H. Esser/K. Klenovits/H. Zehnpfennig,
    Wissenschaftstheorie 2 Funktionsanalyse
    und hermeneutisch-dialektische Ansätze
    261 Seiten. DM 18,80

30 H. v. Alemann, Der Forschungsprozeß
    Eine Einführung in die Praxis der
    empirischen Sozialforschung
    351 Seiten. DM 17,80

31 E. Erbslöh, Interview
    (Techniken der Datensammlung, Bd. 1)
    119 Seiten. DM 14,80

32 K.-W. Grümer, Beobachtung
    (Techniken der Datensammlung, Bd. 2)
    290 Seiten. DM 19,80

35 M. Küchler, Multivariate Analyseverfahren
    262 Seiten. DM 18,80

36 D. Urban, Regressionstheorie und Regressionstechnik
    245 Seiten. DM 17,80

37 E. Zimmermann, Das Experiment in den Sozialwissenschaften
    308 Seiten. DM 19,80

Fortsetzung auf der 3. Umschlagseite

Zu diesem Buch

Die Historische Sozialforschung ist ein interdisziplinäres
Unternehmen, das mit der herkömmlichen Historie ein Interesse an der Geschichte und dem historischen Einzelfall
teilt, mit den Sozialwissenschaften aber das methodische
Instrumentarium und die theoretische Basis. Der vorliegende
Band bietet einen einführenden Überblick zur Wissenschaftstheorie der Historischen Sozialforschung, ihren verschiedenen Forschungsbereichen, Methoden und Quellen- bzw. Daten-
formen. Der Band wendet sich einerseits an Studenten der
Geschichte, dürfte aber auch für Studierende sozialwissenschaftlicher Fächer von Nutzen sein, wenn ein Interesse an
Geschichte besteht.

Zur Erinnerung an
Reinhard Mann
(1948-1981)

Studienskripten zur Soziologie

Herausgeber: Prof. Dr. Erwin K. Scheuch
            Prof. Dr. Heinz Sahner

Teubner Studienskripten zur Soziologie sind als in sich
abgeschlossene Bausteine für das Grund- und Hauptstudium
konzipiert. Sie umfassen sowohl Bände zu den Methoden der
empirischen Sozialforschung, Darstellung der Grundlagen
der Soziologie, als auch Arbeiten zu sogenannten Binde-
strich-Soziologien, in denen verschiedene theoretische
Ansätze, die Entwicklung eines Themas und wichtige empirische Studien und Ergebnisse dargestellt und diskutiert
werden. Diese Studienskripten sind in erster Linie für
Anfangssemester gedacht, sollen aber auch dem Examens-
kandidaten und dem Praktiker eine rasch zugängliche In-
formationsquelle sein.

Historische Sozialforschung

Einführung und Überblick

Von Dr. phil. Dieter Ruloff
Privatdozent an der Universität Zürich

B. G. Teubner Stuttgart 1985

Privatdozent Dr. phil. Dieter Ruloff

1947 in Remscheid geboren. Studium der Politischen
Wissenschaften, Geschichte, Soziologie und Wirtschaftswissenschaften in Frankfurt, Konstanz und
Zürich. M.A. 1972 (Universität Konstanz), Dr. phil.
1975 (Universität Zürich); Habilitation 1980 (Universität Zürich; venia legendi: Politische Wissenschaft und Geschichtstheorie). Privatdozent und
Oberassistent an der Forschungsstelle für Politische
Wissenschaft der Universität Zürich.
Buchveröffentlichungen: Konfliktlösung durch Ver-
mittlung (1975); Geschichte und Politische Wissenschaft (1980); Wie Kriege beginnen (1985). Zusammen
mit Daniel Frei: East-West Relations (2 Bde., 1983);
Handbuch der weltpolitischen Analyse (1984).

CIP- Kurztitelaufnahme der Deutschen Bibliothek

Ruloff, Dieter:
Historische Sozialforschung : Einf. u. Überblick / von
Dieter Ruloff. - Stuttgart : Teubner, 1985.
  (Teubner-Studienskripten ; 124 : Studienskripten
  zur Soziologie)
  ISBN 978-3-519-00124-9   ISBN 978-3-663-01264-1 (eBook)
  DOI 10.1007/978-3-663-01264-1
NE: GT

Gesamtherstellung: Beltz Offsetdruck, Hemsbach/Bergstr.
Umschlaggestaltung: M. Koch, Reutlingen

VORWORT

<u>VORWORT</u>

In Stein gemeisselt, findet sich ein Zitat Lord Kelvins über einem
Bogenfenster des sozialwissenschaftlichen Fakultätsgebäudes der Universität Chicago, das Motto der amerikanischen Sozialforschung sein
könnte: "If you cannot measure, your knowledge is meagre and unsatis-
factory." Dass wissenschaftlicher Fortschritt mit Messen zu tun hat
und die Sozialwissenschaften gut daran tun, hierin zumindest den
Naturwissenschaften nachzueifern, wird heute von den wenigsten bezweifelt, die mit empirischer Sozialforschung zu tun haben. Dasselbe gilt
für die Historische Sozialforschung in den USA (historical social
research), die nur noch in Ausnahmen als "quantitative" Historische
Sozialforschung (Kousser 1984: "quantitative social scientific
history, QUASSH") bezeichnet wird, weil der Umgang mit Zahlenmaterial
für die Historische Sozialforschung eine Selbstverständlichkeit geworden ist.

Zweifellos hat die Historische Sozialforschung in den USA einen
grösseren Einfluss auf die Disziplin gesamthaft gewinnen können, als
dies in Europa und namentlich im deutschsprachigen Raum bis heute
möglich scheint. Jede einführende Darstellung der Historischen Sozialforschung muss sich aus diesem Grund vor allem (wenn auch keinesfalls
ausschliesslich) mit der amerikanischen Historischen Sozialforschung
befassen. Dies gilt auch für den vorliegenden Band. Er stützt sich in
seinem ersten Kapitel vor allem auf eine im letzten Jahr erschienene
umfangreichere Untersuchung des Autors zur Geschichtstheorie (Ruloff
1984), im zweiten Kapitel auf eine Reihe von Sammelbänden, von denen
namentlich jene des Kölner Zentrums für Historische Sozialforschung
(QUANTUM) einen ausgezeichneten Überblick geben. Eine wichtige Quelle
sind auch die Fachzeitschriften der Historischen Sozialforschung, vor
allem Historical Methods und das Journal of Interdisciplinary History,
dessen Heft 4 (1983) mit Beiträgen von Rabb, Conzen, Vinovskis u.a.
zum Stand der Forschung in den USA besonders genannt werden muss, weil

sich der vorliegenden Überblick in Kapitel 2 teilweise auf diese stützt.

Auch Sozialwissenschaftliche Fachzeitschriften haben immer wieder das Thema Historische Sozialforschung aufgegriffen. Zu verweisen ist hier auf den American Behavioral Scientist (namentlich Band 21/1977, Nr. 2) mit acht ausgezeichneten Überblicksartikeln, auf die sich Kapitel 2 dieser Darstellung ebenfalls stützt. Eine detailliertere Darstellung oder gar Einführung in die Methoden der empirischen Sozialforschung ist nicht Aufgabe dieser Untersuchung; sie erübrigt sich auch, da die einführende Methodenliteratur den Bedarf des Studenten, von wenigen Spezialgebieten und neueren Verfahren abgesehen, sicherlich bereits deckt; zu nennen sind hier die übrigen Bände der Teubner-Studienskripten und die bei SAGE (Beverly Hills) erschienene Reihe "Quantitative Applications in the Social Sciences". Kapitel 4 beschränkt sich aus diesem Grund auf Hinweise zu speziellen Probleme bei der Anwendung der verschiedenen Verfahren im Bereich der Historischen Sozialforschung und nennt historisch interessante Anwendungsbeispiele.

Die Arbeit an Kapitel 4 und 5 hat nicht unbeträchtlich von Erfahrungen profitiert, die der Autor im Zusammenhang mit einem gemeinsam mit Daniel Frei verfassten Methodenhandbuch für den Praktiker und Theoretiker der Internationalen Politik (Frei/Ruloff 1984) sammeln konnte. Daniel Frei ist an dieser Stelle für sein Interesse auch an der vorliegenden Untersuchung zu danken, deren Abschluss im Sommer 1985 erst durch die Entlastung des Autors von anderen Aufgaben ermöglicht wurde. Heinz Sahner hat freundlicherweise das Manuskript gelesen und etliche Verbesserungen an diesem angeregt; verantwortlich für dieses ist und bleibt dennoch allein der Autor selbst. Erinnern will dieser kleine Übersichtsband an den verstorbenen jungen Kölner Historiker Reinhard Mann, denn er war ursprünglich sein Projekt. Mit der Fertigstellung des Bandes wird ein Versprechen eingelöst, das dem Freund und "summer school"-Studienkollegen (Ann Arbor '76) im Sommer 1981 gegeben wurde.

INHALT

____

I. GESCHICHTSTHEORIE UND HISTORISCHE SOZIALFORSCHUNG

I.1. Einleitung: Theorie, Geschichte und Geschichtstheorie

Der Kollektivsingular "Geschichte" bezeichnet bekanntlich zweierlei, nämlich erstens eine Wissenschaft, die sich mit historischem Geschehen und vergangenen Sachverhalten befasst, und zweitens diesen Forschungsgegenstand selbst. Dies scheint auf den ersten Blick paradox, ist jedoch historisch erklärbar, ja hat aus einer bestimmten geschichtstheoretischen Perspektive betrachtet, auf die später eingegangen werden soll, auch seine Berechtigung; ihr Kernstück stellt wohl die Behauptung Kosellecks (1976:21) dar, "die Geschichte selber" sei "ihr Forschungsbereich." Für den Anfang empfiehlt es sich jedoch, zunächst einmal zwischen der Geschichte als Wissenschaft (der Historie) und der Geschichte als Gegenstand dieser Wissenschaft (dem Geschehenen) zu unterscheiden.

Was Geschichte (als Wissenschaft bzw. als Gegenstand dieser Wissenschaft) und Theorie miteinander zu tun haben oder haben sollten, scheint auch heute noch in der Historie keinesfalls unumstritten zu sein. Wer in der Diskussion mitreden will, muss zunächst aber eine klare Vorstellung davon entwickeln, was Theorien überhaupt sind. Diese Einführung muss sich mit einigen Hinweisen begnügen, denn ihr Thema ist nicht die Rolle von Theorien in den Wissenschaften schlechthin, sondern die Historische Sozialforschung, ihre Arbeitsweise, ihre Methoden und ihr Verhältnis zur herkömmlichen Geschichtsforschung und

Geschichtsschreibung. Dabei spielen Theorien allerdings eine bedeutende Rolle, und zwar in doppeltem Sinn: Einerseits besteht das Ziel der Historische Sozialforschung darin, historische Vorgänge zu erklären, und zwar in enger Zusammenarbeit mit den sozialwissenschaftlichen Einzeldiszi- plinen und unter Verwendung ihrer Theorien. Im weiteren Sinne beteiligt sich die Historische Sozialforschung damit an der sozialwissenschaftlichen Theoriebildung und Theorie- überprüfung; sie greift zu diesem Zweck. auf das Methodenrepertoire der Sozialwissenschaften zurück. Eine solche, noch immer höchst ungewöhnliche Art und Weise, Geschichtsforschung zu betreiben, verlangt nun anderseits selbst nach theoretischer Rechtfertigung. Zur Diskussion stehen somit zwei Arten von Theorien: solche über den Forschungsgegenstand "Geschichte" und solche über die Wissenschaft "Geschichte". Letztere nennt man Geschichts- theorien, eine Begriffsbildung, die sich in der Tat wie eine contradictio in adjecto ausnimmt, wenn man Geschichte aus traditionellem Blickwinkel als prinzipiell nicht theorie- fähigen Gegenstand ansieht.

Eine Theorie kann man sich als hierarchisches Systeme von Hypothesen, als "Hypothesenpyramide" (Leinfellner 1967: 96ff), vorstellen. Hypothesen ihrerseits sind allgemeine oder auch speziellere Behauptungen der Art des "immer wenn..., dann..." oder "für alle...gilt, dass...", die nicht unbedingt bewiesen sein müssen. Theorien sind somit hierarchische (rekursive) Systeme mehr oder weniger bewie- sener Behauptungen, die in einem logischen Zusammenhang stehen, und zwar in der Weise, dass sich speziellere Hypo- thesen aus allgemeineren Hypothesen durch (deduktives) Schliessen ableiten, bzw. auf eine sehr allgemeine Kern- hypothese (jene an der Spitze der Hypothesenpyramide) zurückführen lassen. Die "Theorie will benennen, was insgeheim das Getriebe zusammenhält," wie Th. W. Adorno (1969:81) in Anspielung auf ein Zitat aus Goethes "Faust" einmal formulierte. Sie versucht dies zu leisten, indem sie auf die zentralen Prinzipien, die Kernstücke einer Struktur oder die immanente Logik eines Geschehens verweist.

Theorien besitzen meist jedoch nicht nur einen deskriptiven, sondern auch einen präskriptiven Aspekt - nämlich dann, wenn man die Theorie zu praktischen, d.h. handlungsorientierten Zwecken verwertet. Es geht also nicht nur darum, was ist und warum es ist, sondern auch um das, was sein soll und wie es zu geschehen hat. In diesem Sinne versuchen Geschichtstheorien, also Theorie über die Wissenschaft "Geschichte", nicht nur das zu benennen, was "insgeheim", d.h. im Kern, die Geschichte als Wissenschaft funktionieren lässt und welche Konsequenzen dies für konkretere Fragen etwa der Methodologie der Historie hat, sondern auch, wie Geschichte als Wissenschaft betrieben werden muss, um dabei erfolgreich zu sein. Theorien über einen historischen Forschungsgegenstand lassen sich meist anhand von Daten überprüfen. So kann z.B. statistisch überprüft werden, ob (als zentrale Hypothese einer Theorie über den Aufstieg des Nationalsozialismus) die Behauptung Sinn macht, der Wahlerfolg der NSDAP in den Reichstagswahlen 1930-1933 sei eine Folge der Arbeitslosigkeit gewesen (vgl. Frey/Weck 1981). Auch solche Theorien haben ihre praktische, präskriptive Seiten, wenn man sie auf Konsequenzen für gegenwärtiges Handeln befragt. Theorien über eine Wissenschaft sind in diesem Sinne allerdings nur bedingt überprüfbar; am ehesten lässt sich noch der präskriptive Teil der Theorie überprüfen, d.h. die Frage, ob Wissenschaft so organisiert worden ist, wie es die Theorie vorschreibt, und ob auf diese Weise erfolgreich Forschung betrieben wird.

I.2. Historische Sozialforschung als geschichtstheoretische Konzeption

Über die Rolle und Bedeutung von Theorien sind Historie und Sozialwissenschaften auch heute noch weitgehend unterschiedlicher Ansicht. In den empirischen Sozialwissenschaften ist vollkommen unbestritten, dass ihre Aufgabe im weitesten Sinne die Theoriebildung und Theorieprüfung ist. In der Historie hingegen findet man, wie bereits betont, noch überwiegend die Meinung vor, ihr Forschungsgegenstand sei nicht theoriefähig. Eine Wissenschaft bzw. eine bestimmte wissenschaftliche Forschungsrichtung benötigt nun eine Theorie ihrer selbst allerdings erst dann, wenn sie entweder keine Erfolge mehr vorzuweisen hat und nach den Ursachen der Malaise zu fragen beginnt, oder wenn sie sich angesichts konkurrierender Wissenschaften oder Forschungsrichtungen rechtfertigen muss (vgl. Kuhn 1973).

Mit den Sozialwissenschaften teilt sich die Historie bekanntlich ihren Forschungsgegenstand, wobei sie vorzüglich die fernere Vergangenheit und erstere meist eher die Gegenwart im Auge haben. Aber dieser Unterschied ist vergleichsweise unbedeutend; er hat allenfalls einige methodische Konsequenzen. Mit dem enormen Fortschritt der modernen empirischen Sozialforschung, der z.T. ein Resultat technologischen Fortschritts (namentlich auf dem Gebiet der Informatik) war, hat sich die "friedliche Koexistenz" der Anfänge, als Unterschiede zwischen Historie und Sozialwissenschaften, wenn überhaupt, nur mühsam festzustellen

waren, zu einer scharfen Konkurrenz gewandelt. Zwangsläufig
hat damit der Theoriebedarf der Historie (im Sinne eines
Bedarfs an theoretischer Rechtfertigung) stark zugenommen
und zu einer Vielfalt von Geschichtstheorien geführt. Fast
durchweg sind diese Geschichtstheorien Versuche der Abgrenzung der Geschichte von den Sozialwissenschaften und
Begründung ihres methodischen Sonderstatus.

Die Historische Sozialforschung setzt sich im Gegensatz
zu diesen Geschichtstheorien in ein positives Verhältnis zu
den Sozialwissenschaften, ja sie ist ihrem Selbstverständnis
nach Sozialwissenschaft und lehnt künstliche Hürden zwischen
den Disziplinen ab. Im weiteren Verlauf dieses Kapitels (I.)
werden die wichtigsten Geschichtstheorien beschrieben und
schliesslich mit dem Standpunkt der Historischen Sozialforschung verglichen. Es schliesst sich eine Darstellung
der hauptsächlichen Arbeitsbereiche der Historischen Sozialforschung an (II.), wobei deren interdisziplinärer Charakter
besonders deutlich wird, denn ein nicht geringer Teil der
hier zu zitierenden Arbeiten stammt nicht von Historikern,
sondern von Sozialwissenschaftlern. Das folgende Kapitel
(III.) gilt der Frage sozialwissenschaftlicher Theorien in
der Historischen Sozialforschung, wobei besonders auf die
Theorien der sozio-kulturellen Evolution und die neue
Soziobiologie verwiesen wird, denn diese bieten sich dem
Historiker als geschichtsphilosophischer "Ersatz" an bzw.
treten sogar explizit mit diesem Anspruch auf. Das nach-
folgende Kapitel (IV.) gibt einen Überblick zu verschiedenen
sozialwissenschaftlichen Verfahren der Datenanalyse und
Modellkonstruktion, die in der Historischen Sozialforschung
Anwendung gefunden haben. Schliesslich folgen noch Hinweise
auf neue Verfahren der Datengewinnung (V.) und ein Schlusskapitel (VI.), in dem der Frage nachgegangen wird, ob Histo-

rische Sozialforschung überhaupt noch zur Historie zu rechnen ist, wenn man unter dieser vornehmlich die Geschichtsschreibung, d.h. die erzählende Rekonstruktion historischer
Umstände und Vorgänge verstehen möchte.

I.3. Historismus

Die herkömmliche Gegenwartshistorie gründet im Historismus.
Wer ihren Forschungsbetrieb und das, was zu seiner
Rechtfertigung vorgebracht wird, verstehen will, muss
zwangsläufig einen Blick auf die Wurzeln herkömmlicher
Historie im Historismus werfen, zumal auch deshalb, weil
einige der Theoretiker das Heil der Geschichtswissenschaft
in einer Rückbesinnung auf ihre Anfänge im Historismus
fordern.

    Die Entstehung des Historismus selbst war ohne Zweifel
eine wissenschaftliche Revolution. Sie kann einerseits als
Emanzipation von den Vorstellungen der Aufklärungshistorie
begriffen werden, also deren Tendenz, jede Geschichte auf
ihre Moral hin zu befragen und generalisierend in
praktischen Nutzen zu kehren; dies Praxis wurde in wach-
sendem Masse als naiv durchschaut. Anderseits war der
Historismus auch Reaktion auf die Systemspekulationen der
idealistischen Geschichtsphilosophie (die dem heutigen
Historiker noch immer in Gestalt ihrer Folgewirkungen im
Historischen Materialismus und der marxistischen Geschichtstheorie begegnen), deren grosszügiger Umgang mit dem empirischen Detail als Zumutung zurückgewiesen wurde. So betonte
Droysen (1974:378) in seinem Vorwort zur Geschichte des
Hellenismus, es sei ein grosser Fehler, "die Geschichte für
den Automaten eines wenn auch noch so grossartigen Systems

dialektischer Bewegung" zu halten; der "Philosophie der Geschichte" (bei Droysen in Anführungszeichen!) sei es noch keineswegs gelungen, "den lebendigen Quell ..., dem das Leben der Menschheit entströmt," nachzuweisen.

Beide Tendenzen, also den bewussten Verzicht auf naives Lernen aus der Geschichte durch Befragen auf ihre Moral sowie die wachsende Überzeugung, Geschichte müsse als andauernder, allumfassender Prozess verstanden und könne nicht auf wenige Grundgesetzlichkeiten reduziert werden, hat Koselleck (1967 und 1968) in seinen ausserordentlich interessanten Studien zur Begriffsgeschichte des Geschichtsbegriffs als Verschwinden des Topos von der Historie im Sinne einer "magistra vitae" einerseits und als Entstehen des Kollektivsingulars "Geschichte" anderseits, der an die Stelle der erzählten Geschichten tritt, nachweisen können: Die Geschichte ist danach nicht mehr eine Menge isolierter Episoden, die man je für sich moralisierend erzählt, sondern ein allumfassender Prozess, dessen Generalrichtung bestenfalls erahnt werden kann.

Das methodische Selbstverständnis des entstehenden Historismus artikulierte sich vollständig jedoch erst in dem Moment, als es sich gegenüber den mit erstaunlichen wissenschaftlichen Erfolgen an die Öffentlichkeit tretenden Naturwissenschaften und ihrem Wissenschaftsverständnis zur Rechenschaft genötigt sah, unübertroffen etwa in der "Historik" Droysens, der gerade in seiner exemplarischen Auseinandersetzung mit Buckles nachhaltig den Versuchen entgegentrat, die methodischen Ansätze der Naturwissenschaften nun auch auf die Geschichte zu übertragen (Droysen 1974:386ff). Der Historismus hat in der Folge die methodische Sonderstellung der Geschichtswissenschaft

gegenüber der Geschichtsphilosophie einerseits und den
Naturwissenschaften anderseits immer wieder neu begründen
müssen, und dies ist ihm immer schwerer gefallen und auch
immer weniger überzeugend gelungen. Der im deutschen
Sprachbereich entstandene genuine Neohistorismus (vgl. I.4)
versucht dem Problem mit verschiedenen Konzessionen an den
Zeitgeist (Anleihen zum Konzeptuellen beim Marxismus, zur
Methode bei den empirischen Sozialwissenschaften) beizukommen, verwässert damit aber nur mehr den gesamten Ansatz.
Was als Frontbegradigung gedacht war, gerät auf diese Weise
zum wenig überzeugenden Rückzugsgefecht einer Wissenschafts-
und Geschichtsauffassung, die historisch ihre Berechtigung
besass, inzwischen aber von den Tatsachen der
Forschungspraxis auch der Historie weitgehend überholt ist.

Wenn man den Historismus in aller Kürze
charakterisieren sollte, so wäre vor allem auf die folgenden
Elemente zu verweisen. Betont wird bei allen Theoretikern
des Historismus immer wieder (1) die prinzipielle
Historizität eines jeden historischen Tatbestandes,
überhaupt jeglicher Erfahrung und Erkenntnis; (2) die Bedeutung des Verstehens als Methode; sowie (3) das Interesse am
Singulären und Individuellen (und implizit das Desinteresse
an jeder Form von Generalisierung).

Der Begriff der Historizität verweist zunächst auf die
Überzeugung des Historismus, kein historischer Tatbestand
sei Ausprägung eines Typus oder Element einer Klasse von
gleichartigen Dingen, sondern singulär und nur aus seiner
relativen Position im Gesamten des Geschichtsprozesses
heraus verständlich. Die Vorstellung von der Geschichte als
einem allumfassenden Prozess und die Idee der Singularität
seiner Elemente bedingen sich also gegenseitig. Droysen

(1974:385) zufolge steht nichts "über Raum und Zeit, sondern hat sein Mass und seine Energie darin, dass es gleichsam projiziert erscheint auf ein Hier und Jetzt." Im Gegensatz zu allen Geschichtsphilosophien (etwa der des Historischen Materialismus) verzichtet der Historismus jedoch auf Spekulationen über das Ziel dieses Prozesses, dessen Elemente er als singuläre Tatbestände untersucht; man könne dieses Ziel bestenfalls "ahnden...aus der Richtung", betont Droysen (1974:385).

Schliesslich, was vielleicht noch wichtiger ist, gilt das Prinzip der Historizität auch für den Historiker selbst und seine Arbeit: Wer sich um Erkenntnis über Gegenwart und Vergangenheit bemüht, steht aus der Sicht des Historismus nicht ausserhalb des andauernden historischen Prozesses, sondern mitten in ihm. Auch Erkenntnis ist historisch und muss in ihrer Beurteilung auf den historischen Kontext hin relativiert werden, in dem sie entstanden ist. Dies hat epistemologische und auch methodologische Konsequenzen von grosser Tragweite; es rechtfertigt vor allem aber das in der Disziplin übliche andauernde Neu- und Umschreiben der Geschichte auch dann, wenn nicht gerade ein neu entdeckter Tatbestand dies fordert. Neue Zeiten führen zu neuen Perspektiven und neuen Fragen, und dies erfordert jeweils eine neue Geschichte. Angesichts dieses Sachverhaltes von der Geschichtsschreibung Objektivität zu fordern, dokumentiert aus Sicht des Historismus nur einen Mangel an Verständnis. Es gelt die Vergangenheit "weder objektiv noch in der vollständigen Breite ihrer einstigen Gegenwart festzustellen - das wäre Nonsens wie die Quadratur des Zirkels finden zu wollen," stellt Droysen (1974:27) in der "Historik" fest.

Postuliert wird ferner von den Theoretikern des Historismus vor allem das Verstehen, sei es als Methode oder als Kunstfertigkeit des Historikers. In der Geschichte gehe es um menschliches Verhalten, dessen hauptsächliches Merkmal seine Intentionalität sei, d.h. es ist zielgerichtet und verfolgt bestimmte Zwecke. Intentionalität erschliesst sich nach Meinung des Historismus keiner kausalen Betrachtungsweise, die zwangsläufig auf Regelmässigkeiten, Theorien oder sogar Gesetze (die Analytische Philosophie des angelsächsischen Sprachbereichs spricht hier von "covering laws") zurückgreifen muss, um den Einzelfall zu erklären und damit wie die Naturwissenschaften von den Eigenarten eines Stück Bleis auf jene allen Bleis schliesst (so die Polemik Adornos 1969:90). Intentionen wollen vielmehr verstanden werden; das Verstehen im Sinne eines sich einfühlenden Nachvollziehens, die spontan-evidente Identifikation fremder Lebensäusserungen mit den eigenen, erschliesse dem Historiker und seiner Methode (und nur dieser) überhaupt erst den Bereich der Intentionalität.

Dass sich Verstehen nicht zu einer Methode im Sinne der Natur- und empirischen Sozialwissenschaften disziplinieren, sondern bestenfalls zu einer Kunstfertigkeit ausbilden lässt, war auch den Theoretikern des Historismus wohl bewusst. Gerade dieses Defizit machte eine theoretische Begründung der überragenden Stellung des Verstehens im Repertoire des "Werkzeugs" des Historikers jedoch umso unverzichtbarer, zumal bereits die Alternativen angeboten wurden. Diltheys grosser Versuch einer Kritik der historischen Vernunft mit seiner Verstehenslehre als Kernstück, der allerdings im Ansatz steckengeblieben ist, verdankt seine entscheidenden Anstösse zweifellos zunächst denjenigen Kräften, gegen die er gerichtet war: Einerseits war Diltheys

Arbeit zweifellos eine Antwort auf den Empirismus J. St. Mills, der sich mit seinem "System der deduktiven und induktiven Logik" anschickte, in den Hoheitsbereich der Geschichtsforschung einzudringen. Mill sah in der Induktion die den "moral sciences" angemessene und von diesen auch praktizierte Verfahrensweise, d.h. ein generalisierendes Schliessen, das den konkreten Einzelfall einer Menge analoger Fälle zuordnet und damit die dort gültigen Zusammenhänge zur Erklärung heranziehen kann: Von beobachtbaren Wirkungen, die als Fall einer Klasse von Wirkungen erkannt werden, kann somit auf die vermutlichen Ursachen im konkreten Fall gefolgert werden.

Verstehen als Nacherleben leistet Dilthey zufolge jedoch ungleich mehr als jeder logische Schluss; ja der Versuch bereits, Verstehen im Sinne der empirischen Forschung disziplinieren zu wollen, schade mehr als er nütze: Die teilnahmslose Beobachtung sine ira et studio "zerstört das Erleben" (Dilthey 1976:193), weil sie die für das Verstehen geforderte enge Identifikation mit dem Gegenüber nicht nur erschwert, sondern sogar verbietet. Paradigmatischer Fall eines Verstehens, das es erlaubt, die Strukturen der geistigen Welt auch angesichts lückenhafter Evidenz mit einer "ganz subjektiven Sicherheit" (Dilthey 1976:218) zu rekonstruieren, ist Dilthey zufolge das Schauspiel: "Nicht nur der unliterarische Zuschauer lebt ganz in der Handlung, ...auch der literarisch Gebildete kann ganz unter dem Bann dessen leben, was hier geschieht" (Dilthey 1976:211). Die Vorstellungskraft des Menschen befähige ihn nun in der Tat, auch angesichts magerster Requisiten jenen Gesamtzusammenhang zu ergänzen, vor dessen Hintergrund die Handlung Leben annimmt. "Der Triumph des Nacherlebens ist, dass in ihm die Fragmente eines Verlaufs

so ergänzt werden, dass wir ein Kontinuum vor uns zu haben
glauben" (Dilthey 1976:214).

    Anderseits verstand Dilthey seine Arbeit aber auch als
Ergänzung. Während Kant in seinen drei Kritiken (der Kritk
der reinen und der praktischen Vernunft sowie der Kritik der
Urteilskraft) den logischen Aufbau der natürlichen Welt in
den Naturwissenschaften darlegte und damit den ungeheueren
Fortschritt dieser Wissenschaften seit Newton philosophisch,
erkenntnistheoretisch und wissenschaftslogisch absicherte,
sollte diesem mit Diltheys Kritik der historischen Vernunft
das geisteswissenschaftliche Gegenstück zur Seite gestellt
werden. Diese nicht unbescheidene Absicht ist jedoch über
den wenig   überzeugenden Versuch einer Systematisierung
unterschiedlicher   Lebensäusserungen   und   Formen   des
Verstehens   nicht hinausgekommen   (vgl. Dilthey 1883 und
1958). Verwunderlich ist dies weiter nicht, da schon das
Verstehen selbst ja eher auf intutitive Begabung baut und
nicht so sehr auf Systematik und Transparenz. Was Verstehen
ist und wie es Strukturen der geistigen Welt erschliesst,
das muss offenbar verstanden werden; erklären lässt es sich
nur schwer, theoretisch fassen schon gar nicht.

    Drittes, zentrales Element historistischer Geschichts-
auffassung ist das Interesse am Singulären. Eine Präzisierung jener Elemente der Dilthey'schen (fragmentarischen)
Verstehenslehre, die dort ausserordentlich dunkel bleiben,
findet sich   in den Arbeiten des sog. südwestdeutschen
Neukantianismus. Wilhelm Windelband hat in seiner Strass-
burger Rektoratsrede (abgedruckt in den "Präludien") mit der
bis heute noch populären Unterscheidung von Nomothetik und
Ideographie den sich damals kräftig herausbildenden
Wissenschaftsdualismus auf eine prägnante Formel gebracht:

Die Naturwissenschaften sind demnach am Allgemeinen, die Geisteswissenschaften hingegen am Besonderen interessiert. Den Unterschieden im Erkenntnisinteresse entsprechen Windelband zufolge selbstverständlich Unterschiede in den Methoden. Der teilweise überzogene Rationalismus des südwestdeutschen Neukantianismus, der Hand in Hand mit teils ebenso radikal-relativistischen Vorstellungen geht, lässt sich am besten am Beispiel der Arbeiten Heinrich Rickerts aufzeigen. Rickerts Bemühungen galten vornehmlich der Überwindung der rein psychologischen Fundierung geisteswissenschaftlich-historischer Methoden (wenn man Verstehen überhaupt als Methoden akzeptiert). Der generalisierenden Begriffsbildung der Naturwissenschaften stellte Rickert eine genuin geisteswissenschaftliche Form der individualisierenden Begriffsbildung gegenüber. Während die generalisierende Begriffsbildung das Individuelle und Singuläre ignoriere, weil "der Begriff oder das Gesetz...stets für eine beliebig grosse Anzahl von Objekten gelten" müsse (Rickert 1926:41), interessiere den Historiker das Individuelle und Singuläre. Auch hierbei gelte es, wie bei der generalisierenden Begriffsbildung, auszuwählen. Bei der Suche nach Kriterien, die für den Historiker die Auswahl dessen leiten könnten, was im Reich des Singulären die Berücksichtigung lohne, wird nun bei Rickert der Blick des Historikers auf das Individuelle und Singuläre mit einem Interesse am Kulturspezifischen und kulturell Wertvollen kontaminiert. Was kulturell wertvoll bzw. kulturspezifisch ist, muss jedoch je nach Standpunkt wechseln. Von Objektivität in der Geschichte kann somit keine Rede mehr sein. Rickert spricht vielmehr von einer "geschichtlich beschränkten Objektivität" und der parallelen Existenz von "so viel verschiedenen historischen Wahrheiten, als es verschiedene Kulturinhalte gibt" (Rickert 1926:100,134).

I.4. Neohistorismus

Die Probleme des klassischen Historismus sind unschwer zu erkennen: Die Vorstellung der Historizität mündet bei einer überzogenen Deutung ihrer erkenntnistheoretischen und wissenschaftslogischen Konsequenzen in einen radikalen Relativismus und Subjektivismus, wie man ihn in extremster Form im amerikanischen Präsentismus z.B. bei J. H. Rendall (1958) findet. Es erstaunt dabei nicht, dass auch die marxistische Erkenntnistheorie mit Wohlgefallen Rendalls Vorstellungen von der vollständigen Subjektivität jeglicher historischer Erkenntnis zitiert (vgl. Schaff 1970:208), wobei der Marxist sich freilich im Gegensatz zu "bürgerlichen" Historikern wie Rendall in die Lage versetzt glaubt, zwischen relativ richtiger und relativ falscher Subjektivität unterscheiden zu können (vgl. I.7.). Ebensowenig erstaunt angesichts dieser Sachlage die offene Sympathie von Teilen des Neohistorismus für das marxistische Wissenschaftsverständnis, zumal auch die Versuchung besteht, "die geschichtsphilosophische Tradition des Historismus durch die Verbindung mit dem revolutionären Engagement des Neomarxismus zu verjüngen," wie Karl-Georg Faber (1971:14) diese Tendenz deutet.

Die zentrale Bedeutung des Verstehens im Repertoire der Erkenntnismittel des Historikers ist aus mindestens drei Gründen nun aber problematisch: Erstens ist Verstehen nur schwer transparent, kontrollierbar und in seinen Resultaten gesichert reproduzierbar zu machen; modernem Wissenschaftsverständnis mit seiner Forderung nach Reproduzierbarkeit von Resultaten und Transparenz von Lösungswegen entspricht dies ganz sicher nicht. Zweitens gibt es Zweifel an der allgemeinen Verlässlichkeit jener Art von Analogieschlüssen, die dem Verstehen offenbar zugrunde liegen; die Probleme reichen vom Erkennen von Missverständnissen bis zu absichtlichen Täuschungen (etwa der Absicht zur Täuschung der Nachwelt in der Autobiographie). Drittens muss davon ausgegangen werden, dass soziale, politische und wirtschaftliche Vorgänge auf allen Ebenen (von der Individualebene bis zu den Beziehungen zwischen Staaten) in einem stärkerem Masse von "nicht-intentionalen Faktoren" (Rüsen 1974:233) bestimmt werden, als dies der Historismus wahrhaben möchte, also von Sachzwängen, die unabhängig von irgendwelchen Intentionen ablaufen und somit gar nicht im Sinne des Sinnverstehens "verstanden" werden können.

Die Betonung des Interesse am Singulären und Individuellen im Historismus sowie das fundamentale Misstrauen, das prompt bei jeder allgemeineren Betrachtung und allen Versuchen der Theoriebildung zur Stelle ist, verunmöglicht schliesslich jegliche überzeugende Antwort auf die Frage nach der Praxisrelevanz der Geschichte. Dass Geschichte "nicht sowohl klug (für ein andermal) als weise (für immer)" mache, wie Jacob Burckhardt (1969:10) in seinen "Weltgeschichtlichen Betrachtungen" betont hat, ist heute noch die Überzeugung nicht weniger Fachvertreter der Disziplin. Die Frage nach dem Wozu der Historie ist dieser seit der Entstehung des Historismus immer wieder gestellt worden, und die sich wiederholenden Krisen der Geschichtsforschung sind zum nicht geringen Teil darauf zurückzuführen, dass der Historismus bis heute (soweit er im Neohistorismus fortlebt) keine überzeugenden Antworten auf diese Frage zu liefern imstande war. Keine wissenschaftliche Arbeit kann gedeihen, wenn sie ständig grosse Energie auf die Selbstrechtfertigung verwenden muss. Der Historismus hat jedoch den latenten Zweifel am Sinn historischer Forschung selbst mitverursacht, indem er immer wieder der Frage nach der Relevanz der Resultate historischer Forschung ausgewichen bzw. die Beschäftigung mit diesem Problem als Zumutung zurückgewiesen hat.

Die genannten Probleme sind den Vertretern des Neohistorismus selbstverständlich kein Geheimnis. Es wurde aus diesem Grund von manchen seiner Vertreter auch der Vorschlag unterbreitet, das methodische Instrumentarium des Historikers zu verbessern bzw. zu modernisieren, etwa durch die Integration sozialwissenschaftlicher Verfahren. Dennoch scheint auch heute im Neohistorismus noch immer die Meinung weit verbreitet zu sein, dass die Kritik an der Geschichte ebenso wie ihre innere Krise weniger auf Mängel ihrer Methoden bzw. ihres Wissenschaftsverständnisses deuten, sondern vielmehr Ausdruck eines Defizits an theoretischer Rechtfertigung des methodischen und wissenschaftslogischen Standpunkts der herkömmlichen Geschichtsforschung seien. Es fehle wieder einmal oder immer noch an Theorie (d.h. an Geschichtstheorie im Sinne einer Theorie der Historie als Wissenschaft). Schlecht sei nicht das Produkt, sondern die Werbung dafür.

Die Schwierigkeiten herkömmlicher Geschichtswissenschaft nur mehr als "public relations"-Problem abtun zu wollen, wäre jedoch kurzsichtig, denn diese haben in der Historie (soweit sie in der Kontinuität des Historismus steht) selbst Tradition. Wie der klassische Historismus betont auch der Neohistorismus das Element der Intentionalität menschlichen Handelns, das keiner kausalen Betrachtungsweise vollständig zu erschliessen sei, sondern nur mehr verstanden werden könne. Zur Rechtfertigung dieser Ansicht kann der Neohistorismus heute jedoch auf die Arbeit

der philosophischen Hermeneutik (vor allem deren Grundlagen
bei Gadamer 1965) und die Vorstellungen des linguistischen
Neomarxismus (Habermas 1970,1973,1976b; Wellmer 1969; Apel
1971, 1975) verweisen, was die Diskussion über die Fragen
des Verstehens wesentlich komplizierter gestaltet, an
methodisch verwertbaren Konsequenzen aber nichts erbringt.

Dies zuerst erkannt zu haben ist der Verdienst von
Karl-Georg Faber (1971). Gefordert wird von Faber eine
historische Hermeneutik, die in der Lage sei, Resultate des
Verstehensprozesses auch empirisch-systematisch abzusichern,
sich also "der objektiven Wahrheit durch die Verbindung von
Verstehen und Methode zu nähern" (Faber 1971:128). Die
Notwendigkeit einer Absicherung des Verstehens durch eine
methodische Kontrolle ihrer Resultate lässt sich leicht mit
dem Verweis auf eine Fülle von Missverständnissen begründen,
die durch die allzu unkritische Identifikation der eigenen
Vorstellungswelt mit jener historischer Persönlichkeiten
entstanden und in der Geschichtsschreibung nachzuweisen
sind. Gerade die in der Hermeneutik immer wieder betonte
Tatsache, dass Verstehen spontan und mühelos abläuft,
verschafft den so gewonnen Einsichten ja nur den Schein von
Evidenz. Was im alltäglichen Umgang der Menschen miteinander
seinen Sinn hat (also die Vermeidung einer den normalen
Betrieb nur störenden Skepsis gegenüber jeder Form zwischen-
menschlicher Kommunikation), erweist sich in der Wissenschaft jedoch als hinderlich. Faber fordert aus diesem Grund
eine kritische Grundeinstellung, die zunächst einmal nicht
das Verständliche und Bekannte in einem interessierenden
historischen Sachverhalt in den Vordergrund stellt, sondern
das Fremde und Unverständliche. Dieser "Verfremdungseffekt"
könne den Historiker vor übereilten Fehlschlüssen schützen.
Weitere Elemente einer methodischen Absicherung des

Verstehens   sind Faber   zufolge die bewährten Mittel der Quellenkritik sowie Verfahren der empirischen Sozialwissenschaften und die Rezeption ihrer Resultate.

Die Mängel   des Verstehens werden bei Faber klar erkannt; sie   resultieren aus der zentralen Rolle der Intuition im Verstehen sowie ihrer Verwurzelung in Alltagserfahrung (Lebenswelt) und Umgangssprache. Die sich daraus aufdrängende Konsequenz wird jedoch nicht gezogen. Anstatt Verstehen zur Methode zu disziplinieren (wobei sie dann, was Faber nicht erkennt, ihre wesentlichen Vorzüge ja verlieren müsste), läge es näher, ein methodisches Vorgehen im Stile der empirischen Sozialwissenschaften zu propagieren, das sich dort des Sinnverstehens bedient, wo es angebracht ist (nämlich im Bereich der Hypothesenbildung), ansonsten (vor allem bei der Hyphothesenprüfung) aber darauf verzichtet.

Ein Stärke der Konzeption Fabers ist zweifellos ihre konsequente Ablehnung der   immanenten   geschichtsphilosophischen Tendenzen von philosophischer und kritischer (linguistisch-neomarxistischer) Hermeneutik,   also   einer Bestimmung der Generaltendenz des Gechichtsverlaufes: Der philosophischen Hermeneutik zufolge triumphiere auch in der Geschichte früher oder später die "Wahrheit" - was immer darunter auch zu verstehen ist; der kritischen Hermeneutik zufolge hätte dies zudem emanzipatorische Effekte. Bei Faber wird nun aber mit Recht bezweifelt, dass Tradition in jedem Falle als   eine die   Validität "sachlicher Vorurteile" (Gadamer) verbürgende Autorität zu gelten habe. Zumal die letzte Epoche deutscher Geschichte vermag ein deartig "grandioses Geschichtsvertrauen" (Faber 1971:123) wohl kaum zu rechtfertigen. Im Falle der Verbrechen eines Hitler, Goebbels, Streicher und anderer hat die Tradition als

Korrektiv entweder versagt, oder aber sie ist in tragischer Weise zu spät wirksam geworden. Faber wehrt sich also mit Recht dagegen, im Verstehen mehr sehen zu wollen als ein Instrument, fremdes Handeln und Denken zu ergründen. Da Faber dennoch auf dem Verstehen als Kernstück historischer Erkenntnismittel beharrt, muss dies mit der Beschränkung historischen Interesses auf Probleme des Sinnverstehens individuellen Handelns erkauft werden. Der weite Bereich nicht-intentionaler Zusammenhänge in der Geschichte, also alle diejenigen Phänomene, die sich oberhalb der Ebene individuellen Handelns abspielen und somit meist zu einem nicht geringen Teil unabhängig von individuellem Wollen ablaufen, müssen ausgeblendet werden.

Andere Theoretiker des Neohistorismus wie z.B. auch Rüsen haben ebenfalls keine Patentrezepte vorzuweisen, wie der angeblich wachsenden Bedeutung oder sogar der "Dominanz der nicht-intentionalen Faktoren" (Rüsen 1974:233) in der Geschichte methodisch beizukommen sei. Rüsen fordert zwar die Rezeption von "Theorien über die Triebkräfte und Strukturen sozio-ökonomischen Wandels, die sich sowohl in der Fragestellung der Historie wie auch als Hypothesen zur Erklärung konkreter geschichtlicher Erscheinungen" verwenden liessen (Rüsen 1974:238), lehnt aber die Metamorphose der Historie zu einer Historischen Sozialwissenschaft oder gar zur Historischen Sozialforschung ab; Geschichte müsse sich weiterhin auf die Rekonstruktion des "inneren (teleologischen Sinn-) Zusammenhangs sozialen Handelns" konzentrieren (Rüsen 1974:242)

Wie Faber auch ist Rüsen also nicht bereit, einer grundsätzlichen methodischen Reform der Historie durch Problematisierung oder gar Aufgabe des Sinnverstehens und

seiner hermeneutischen Fundierung den Weg zu ebnen, weil
dies die methodische Eigenständigkeit der Historie infrage
stellen müsste (Rüsen 1974:86). Im Gegensatz zu Faber wird
jedoch bei Rüsen der Kompetenzbereich des verstehenden
Vorgehens durch Aufdeckung von Zwecken und Intentionen oder,
allgemein, dem Sinn von Vorgängen, nicht auf den
interpersonellen Bereich beschränkt, obschon auch Rüsen hier
Probleme sieht. Diese sind jedoch nicht, wie bei Faber
diagnostiziert, vornehmlich methodischer Art; sie haben
vielmehr selbst historische Ursachen. Hermeutischem
Methodenverständnis gemäss entnimmt die Geschichtsforschung
ihre Interpretationsgesichtspunkte dem Common-sense ihrer
Zeit (Rüsen 1976); die verstehende Durchleuchtung
historischer Zusammenhänge zieht also den Bestand eigener
Erfahrung des Historikers (in seinen verschiedenen Rollen,
z.B. als Vater, Staatsbürger, Beamter usw.) zu
Erkenntniszwecken heran. Geschichte kann damit aber nur
solange plausibel sein, wie diese der Alltagserfahrung ent-
nommenen Interpretationsgesichtspunkte es ebenfalls sind.
Rüsen diagnostiziert als Kernproblem aktueller Geschichtsforschung nun einen "Traditionsbruch in der Konditionierung
geschichtswissenschaftlicher Arbeit" (Rüsen 1974:230); die
überkommenen Vorstellungen von Geschichte, die sich zu einem
nicht geringen Teil noch an jenen des klassischen Historismus orientieren (Geschichte als Haupt- und Staatsaktion, die
sich verstehen lässt, wenn man die Intentionen der
handelnden Akteure zu durchschauen weiss), seien heute
unzeitgemäss, nicht mehr plausibel. Was not tue, seien mithin neue Interpretationsgesichtspunkte, nach denen sich die
Historie zur Zeit auf der Suche befinde. Rüsen propagiert
allerdings nicht die blosse Anpassung der Geschichte an die
gerade (z.B. politisch) gültigen, erwünschten oder modischen
Denkweisen - die blamable Rolle der deutschen Geschichts-

forschung zur Zeit des Nationalsozialismus ist abschreckendes Beispiel solcher Umorientierung genug. Vielmehr möchte
Rüsen die heute (und in Zukunft sicherlich wieder einmal
nötige) Überarbeitung des Bezugssystems historischer
Interpretation zwecks Leitung und wohl auch Kontrolle einer
Historik übertragen, also einer neu zu etablierenden
geisteswissenschaftlichen Disziplin. Man fragt sich nun aber
mit Recht, wie eine solche Distanz allfällige Fehlentwicklungen (falsches Bewusstsein) verhindern will. Denkverbote wird sie kaum durchsetzen können, also müsste sie
überzeugen. Die von Rüsen (1984) dezidiert geforderte
Rückbesinnung auf die lebenspraktische Basis jeder historischen Erkenntnis wird dies kaum zu leisten vermögen.

Auf die Frage nach dem Wozu der Geschichte hat auch der
Neohistorismus keine neuen Antworten parat. In einem bereits
klassischen Aufsatz hat Reinhart Koselleck (1976) die
offenbar noch immer gültige und in ihrer Schlichtheit
imponierende Antwort gegeben: Die Geschichte ist sich
offenbar "selbst Zweck genug..., die Geschichte selber ist
ihr Forschungsbereich" (Koselleck 1976:19,29). In der Tat
ist jede Human- und Sozialwissenschaft "historisch imprägniert" und lebt von "Einzelfällen, die immer auch ihren
historischen Stellenwert behalten" (Koselleck). Diesen hätte
die Historie zu bestimmen, und nur sie sei dazu in der Lage.
Nur die historische Methode ermögliche es, "die zeitliche
Tiefe, die über unsere unmittelbare Erfahrung hinausführt,"
zu durchdringen (Koselleck 1976:27). Nach Koselleck besteht
die historische Methode in der Fähigkeit, "mit Hilfe von
Texten zu Aussagen zu gelangen, die über die Texte
hinausführen, indem sie diese in einen geschichtlichen
Bedeutungszusammenhang stellen" (Koselleck 1976:27), also
etwa eine Wirkungs- oder Entstehungsgeschichte rekon-

struieren. Wie dies praktisch geschehen kann, hat Koselleck im zitierten Aufsatz mit einer begriffsgeschichtlichen Analyse direkt vorgeführt.

Es geht also immer noch nicht um ein Lernen oder Klüger- bzw. Weiserwerden durch das Studium der Geschichte, sondern um die Reflexion des historischen Standortes, um das Bewusstwerden der Historizität gegenwärtiger Fragen und Antworten, wo auch immer diese zu finden seien. Dass es einer Reflexion des geschichtlichen Bedeutungszusammenhangs bestimmter Probleme bedarf, um diese z.B. auch aus sozialwissenschaftlicher Sicht richtig einzuschätzen, dürfte kaum umstritten sein. Was zu Zweifeln allerdings berechtigt, ist Kosellecks Folgerung, nur die Historie tauge als Medium solcher Selbstreflexion, und zwar dank ihrer methodischen Kompetenz. Gerade die explizite Festlegung des Neohistorismus auf das Verstehen als Kernstück des historischen Instrumentariums und Abgrenzungsmerkmal anderer Wissenschaften und besonders den Sozialwissenschaften gegenüber, mit denen sich die Historie ihr Erkenntnisobjekt teilt, macht Kosellecks Argumentation angesichts der berechtigten Zweifel am Verstehenskonzept und seiner hermeneutischen Fundierung jedoch höchst angreifbar.

I.5. Narrative Geschichtskonzeption

Bei den Vertretern des Neohistorismus hat sich heute weithin die Auffassung durchgesetzt, dass Geschichte es mit der narrativen Rekonstruktion temporaler Strukturen zu tun habe, d.h. mit der erzählenden Darstellung von Ereignisabfolgen, deren immanente Logik nicht auf ein theoretisches Konzept verkürzt werden könne, sondern nur vor dem Hintergrund des

Wissens um einen historischen oder Sinnzusammenhang begreifbar sei. Diese eigentlich erstaunliche Rückbesinnung der Geschichte auf die Geschichten, die erzählt werden müssen, also die Rücknahme zumindest eines Teils der Kritik des Historismus an der Aufklärungshistorie (vgl. Koselleck 1967 und 1976), ist aber zunächst nicht dem Neohistorismus selbst zuzuschreiben. Die wissenschaftliche Rehabilitierung der Erzählung erhielt ihre wichtigsten Anstösse durch die (angelsächsische) analytische Philosophie und ihre Diskussion der Brauchbarkeit sog. deduktiv-nomologischer Erklärungen (kurz: DN-Erklärungen) in der Geschichte (vgl. I.6.).

Der eigentlich schlechte Ruf der Erzählung in der Geschichtswissenschaft ist, wie bereits betont, auf die Kritik des Historismus an der Aufklärungshistorie zurückzuführen. Geschichten zu erzählen statt Geschichte zu schreiben, galt seither als unseriös, obschon dies der Popularität der Geschichte ausserhalb des Faches nicht immer zuträglich war. Noch Droysen beklagte, "dass das Publikum schon nicht mehr zufrieden ist, wenn sich ein Geschichtsbuch nicht wie ein Roman liest," und fährt fort mit der Meinung, es sei "ein blosser Schlendrian, wenn man unter historischer Darstellung immer nur die erzählende versteht" (Droysen 1974:273). In weiten Kreise des Neohistorismus und der Analytischen Philosophie der Geschichte gilt heute das genaue Gegenteil für richtig: Geschichte sei überhaupt nur in der Form von Erzählungen, also in Geschichten zur Geschichte, begreifbar zu machen.

Die eigentliche Entdeckung, dass Geschichten nicht eine blosse Aneinanderreihung willkürlich ausgewählter Fakten sind, sondern ihrer Struktur nach als besondere Form der Erklärung zu gelten haben, ist Arthur Danto (1974) zu

verdanken. Danto zufolge besteht die Aufgabe von Historikern
darin, "wahre Feststellungen über Ereignisse aus ihrer
eigenen Vergangenheit zu treffen oder wahre Beschreibungen
davon zu geben" (Danto 1974:49). Der Mangel narrativer
Darstellungen dieser Vergangenheit bestehe nun nicht, wie
oft behauptet, in ihrer Unvollständigkeit. Auch ein maximal
detaillierter Bericht müsse in dieser Hinsicht Wünsche
offenlassen, und zwar nicht in erster Linie aus technischen
Gründen (manches Detail der Vergangenheit ist noch nicht
bekannt oder wird es nie werden), sondern prinzipiell. Denn
eine vollständige Beschreibung der Vergangenheit setze
notwendigerweise die Kenntnis der Zukunft voraus! Dies mag
erstaunlich scheinen, entpuppt sich aber bei näherer
Betrachtung als Banalität. Eine vollständige Beschreibung
eines Ereignisses darf nämlich nicht bei der Darstellung des
Ablaufes stehenbleiben (dieser ist oft auch nicht der
interessante Aspekt), sondern muss die Wirkungsgeschichte
seiner Folgen einschliessen: Die Zeugen des Prager
Fenstersturzes wären z.B. zur Zeit des Herganges zwar in der
Lage, diesen zu beschreiben; das wichtigste Detail dieses
Vorganges, nämlich die Tatsache, dass es sich hierbei um den
Beginn des Dreissigjährigen Krieges handelte, konnten sie
selbstverständlich nicht erkennen! Nur eine Philosophie der
Geschichte, die im Vorgriff auf die Zukunft den Sinn und das
Ziel des andauornden Geschichtsprozesses abzuklären imstande
wäre, könnte überhaupt den Anspruch erheben, Letztgültiges
über die Vergangenheit zu sagen - und genau mit eben dieser
Behauptung einer ein für allemal gültigen Geschichtsdeutung
pflegen Geschichtsphilosophien auch aufzutreten. Das Neu-
und Umschreiben der Geschichte lässt sich hingegen weit
einfacher rechtfertigen, als dies Rüsen (vgl. I.4.) mit
Rückgriffen auf die philosophische Hermeneutik versucht: Die
Gegenwart erst lässt sukzessive alle Wirkungen der Vergan-

genheit in Erscheinung treten; das Anwachsen der zeitlichen Distanz zu den interessierenden Ereignissen der Vergangenheit macht dabei aber spektakulären Revisionsbedarf ganz ohne Zweifel immer unwahrscheinlicher.

Der Vergleich mit den üblichen Chronologien zeigt weiterhin, dass Geschichten nicht eine Aneinanderreihung von Ereignissen sind, auch wenn diese in chronologischer Reihenfolge präsentiert und mit einem "und dann..." verbunden werden (vgl. Danto 1974:193). Was hierbei meist fehlt, ist ein Wirkungszusammenhang zwischen den präsentierten Ereignissen, und genau den gilt es Danto zufolge in Geschichten zu rekonstruieren. Die Notwendigkeit der Rekonstruktion folgt nach Danto aus der Unnmöglichkeit, jene Formen von Wirkungszusammenhängen, mit denen es die Historie zu tun hat, auf das Mass von Theorien oder gar Gesetzen, also auf ein "immer wenn..., dann..." zu verkürzen. So lässt sich die Reformation in ihrer Genese bis zu den Ursprüngen des Ablass(un)wesens im 9. Jahrhundert zurückverfolgen. Es wäre jedoch unsinnig, den Fall Luther zu einer Theorie über den Zusammenhang zwischen Missbräuchen und Reformationsversuchen auszubauen; schon gar nicht lässt sich die Reformation mit dem Verweis auf die Binsenwahrheit erklären, Missbräuche erzeugten zwangsläufig Widerstände.

Merkmal sog. historisch-genetischer Erklärung, um die es sich der Struktur nach bei Erzählungen handelt, ist gegenüber den kausal-genetischen oder DN-Erklärungen (deduktiv-nomologischen Erklärungen) der Natur- und Sozialwissenschaft die Tatsache, dass in historisch-genetischen Erklärungen nicht direkt von Ursachen auf Wirkungen geschlossen werden kann. Historisch-genetische Erklärungen haben immer eine Fülle intervenierender Faktoren zu

berücksichtigen, deren (meist recht singuläre) Konstellation
den Zusammenhang zwischen historischen Ursachen und Folgen
plausibel macht. Im Falle der Reformation war dies u.a. der
wachsende Finanzbedarf der Kirche (wiederum als Folge
notwendiger Truppenwerbungen und weniger notwendiger
Bautätigkeit), der den Ablasshandel zu einem Geschäft werden
liess, das nach und nach in Widerspruch zu religiösem
Empfinden geriet.

Vor allem Hermann Lübbe hat sich ausführlich mit jenen
Mechanismen befasst, die singuläre, nur mehr historisch-
genetisch (also durch narrative Rekonstruktion) erklärbare
Sachverhalte (Lübbe: Anomalien) erzeugen. Einerseits ist
dies die Interferenz nicht-synchroner (selbst aber
möglicherweise durchaus regelmässiger und damit für sich
kausal-genetisch erklärbarer) Prozesse: Eine napoleonische
Landstrasse im flachsten Westfalen verläuft wie erwartet
zunächst schnurgerade, macht dann jedoch ohne ersichtlichen
Grund auf freier Strecke einen Bogen, um schliesslich in der
ursprünglichen Richtung weiterzulaufen. Die Erklärung dieser
Anomalie ist nur durch Rekonstruktion der Entstehungsgeschichte der Biegung zu leisten; andere Erklärungen
versagen. Die Geschichte der Genese dieser Anomalie wird
u.a. auf das Gebäude eines Grundherren verweisen, das einst
in der Biegung der Strasse stand, und auf die ausgezeichneten Beziehungen dieses Adeligen zum Kasseler Hof
(Lübbe 1975:134f.) Napoleonischer Strassenbau sowie topo-
graphische und politische Gegebenheiten erzeugten in ihrem
Zusammenwirken einen singulären Sachverhalt, der für sich
weder aus der Logik napoleonischer Bautätigkeit noch der
bekannten Folgen politischen Einflusses allein erklärbar
ist.

Bei einer anderen Klasse von Anomalien handelt es sich Lübbe zufolge um Relikte, die entweder (obschon anachronistisch oder zumindest ungewöhnlich) ihre Funktion behalten (aus welchen Gründen auch immer - man denke an den ungewöhnlichen Verlauf des New Yorker Broadways im Schachbrettmuster der Streets und Avenues); oder aber ihre Funktion verlieren (wie das Trittbrett am Volkswagen-Käfer) bzw. eine neue Funktion übernehmen (wie die Eichenlaub-förmigen Rangabzeichen an den Uniformröcken deutscher Generäle in Ost und West, die ursprünglich nur reich verzierte Knopflochverstärkungen auf preussischen Waffen-röcken waren). In allen Fällen bedarf es einer Geschichte zu ihrer Erklärung. Nur die Rekonstruktion der Genese (in ihren Details soweit wie nötig) mache die beschriebenen Sachverhalte plausibel.

Die Geschichtskonzeptionen von Danto und Lübbe decken sich weitgehend, was die Struktur historisch-genetischer Erklärungen und ihre Unterschiede kausal-genetischen (DN-) Erklärungen gegenüber betrifft. Lübbes Konzept geht jedoch über das Dantos in der Frage des Wozu hinaus. Während Danto das Interesse des Historikers an der Erklärung singulärer geschichtlicher Tatbestände nicht hinterfragt, findet man bei Lübbe einige interessante Hinweise zur Funktion und zum praktischen Nutzen der Historie. Gerade die Nicht-Generalisierbarkeit von (erzählten) Geschichten ist Lübbe zufolge kein Mangel, wie allenthalben behauptet, sondern ein höchst nützliches Merkmal. Lübbes Geschichtspragmatik beginnt bei der Beobachtung, dass Merkmale und Merkmals-komplexe, soweit sie singulär sind, vorzüglich zu Zwecken der eindeutigen Kennzeichnung verwendet werden können, also zur Festlegung von Identität. Die biographische "Kurzge-schichte", die jedes Ausweispapier enthält (Geburtsort,

Geburtstag, Wohnort usw.), dokumentiere den besonderen praktischen Nutzen von Geschichten zur Identitätsbestimmung, etwa im Gegensatz zu Merkmalen der äusseren Erscheinung. Lübbe (1977:148): "Die Geschichte steht für den Mann." Damit zeichnet sich im grösseren Zusammenhang eine praktische Funktion für Geschichte überhaupt ab: Wo es um die Identität nicht einer Person sondern einer Gesellschaft oder eines Volkes geht, da hat Geschichte offenbar ihren Platz.

Lübbes Geschichtspragmatik begnügt sich allerdings mit dem Hinweis auf die identitätsstiftende Funktion der Historie und hinterfragt daher nicht die Funktion von Identität. Die Identitätsbestimmung im Alltagsleben hat selbstverständlich ganz banale Funktionen; sie weist eine Person als jene aus, die sie vorgibt zu sein und ermöglicht ihr damit ein bestimmtes Handeln, z.b. den Zugriff auf ein Bankkonto. Analog, wenn auch komplizierter, liegen die Dinge im Bereich gesellschaftlicher oder nationaler Identität. Auch hier geht es darum, Handlungen zu legitimieren. Praktisch geschieht dies dadurch, dass aktuelle Handlungs-resultate und Handlungsabsichten sowie nähere oder fernere Ziele in die Kontinuität einer Geschichte gestellt werden, z.B. die Geschichte eines Volkes. Vor allem Baumgartner (1972:41ff.) hat diesen Mechanismus abgeklärt.

Nun fragt es sich allerdings sehr, ob die Historie gut dabei beraten ist, wenn sie die Rolle der Identitäts-stifterin übernimmt, weil sie sich damit zwangsläufig politischen Ansprüchen gegenüber sieht. Die Rolle als kollektives Gewissen einer Gesellschaft wäre in der Tat dann nicht problematisch, wenn "Identität ... kein Hand-lungsresultat" (Lübbe 1977:154) wäre, also zweifelfrei überprüft werden könnte wie die biographischen Daten eines

Verdächtigen durch Zugriff auf die gespeicherten Informationen eines Fahndungscomputers. "Das, was einer ist, verdankt sich nicht der Persistenz seines Willens, es zu sein" (Lübbe, ibid.), aber das, was einer sein will, schlägt sich leicht in der Geschichten nieder, die er über sich selbst verbreitet oder verbreiten lässt.

Jean Pierre Fay (1977) hat in seiner Analyse nationalsozialistischer Geschichtsumdeutung eindrücklich gezeigt, dass eine solche auch ohne die Zuflucht zur plumpen Verdrehung der Tatsachen auskommt (diese wäre ja rasch zu entlarven). Subtilere Mechanismen spielen hier eine weit wichtigere Rolle, etwa die Manipulation semantischer Gehalte, wie sie sich z.B. in der grotesken Behauptung Hitlers dokumentiert, er sei der "konservativste Revolutionär" der Welt (Hitler im "Völkischen Beobachter" vom 6. Juni 1936). Der Sinngehalt beider Begriffe war offenbar bereits soweit verändert, dass die contradictio in adjecto im zitierten Ausspruch Hitlers nicht mehr erkannt und der nationalsozialistische Rückfall in die Despotie als Fortschritt ausgegeben werden konnte.

Geschichten dienen ganz offenbar dazu, Identität zu stiften, und Identitätsstiftung kann legitimierende Funktion annehmen und Handeln rechtfertigen. Das Problem besteht nun aber darin, dass die narrative Rekonstruktion zeitlicher und anderer Zusammenhänge ganz offenbar nur schwer auf ihre Richtigkeit zu prüfen, aber leicht zu manipulieren ist. Der Grund liegt in der Struktur narrativer, also historisch-genetischer Erklärungen: Während kausal-genetische Erklärungen der Form "immer wenn A, dann B" leicht prüfbar sind (man muss nur klären, ob tatsächlich A und B vorliegen), sind historisch-genetische Erklärungen ungleich komplizierter (wenn A, dann B, weil die weiteren Randbedingungen C, D, E etc. ebenfalls auftraten). Welche der für jede historische Erklärung zentralen Randbedingungen oder intervenierenden Faktoren jedoch notwendig bzw. hinreichend war, lässt sich angesichts der Singularität ihrer Konstellation nur sehr schwer prüfen.

Wenn Faye nun dem Problem mit kritischen Erzählungen (Meta-Narrationen) beikommen möchte, d.h. Rekonstruktionen der Entstehungs- und Wirkungsgeschichte von Geschichtsfälschungen (der Präsentation falscher Identität), so kann dies nur in dem Masse gelingen, wie man dem kritischen Erzähler seine Geschichte tatsächlich abnimmt. Zumindest die Bereitschaft dazu muss vorhanden sein. In der Regel lassen sich die Menschen aber nur ungern ihre lieb gewordenen Überzeugungen nehmen; wer diese angreift, ist zunächst einmal selbst verdächtig. Um festgefügte Vorstellungen zu erschüttern, bedarf es mehr, etwa des handfesten und möglichst physisch erlebbaren Beweises des Gegenteils. Der Historiker, der Geschichten (narrative Rekonstruktionen) prüft, wird sich aus diesem Grunde also nicht in erster Linie in den Bereich der Meta-Narration begeben (dies kann er der Wissenschaftsgeschichte überlassen), sondern das narrative Bezugssystem, d.h. die Menge der Regeln und Annahmen, die narrative Rekonstruktion anleiten, genauer untersuchen, vor allem die zentralen und meist höchst allgemeinen Annahmen dieses Bezugssystems. Diese lassen sich entweder im Stile der empirischen Sozialwissenschaften (oft sogar statistisch) prüfen; meist reicht es jedoch auch aus, die theoretische Literatur zu konsultieren. Am überzeugendsten jedoch ist in jedem Falle die Aufdeckung empirisch genau zu belegender Tatbestände, die in der herkömmlichen Geschichtsrekonstruktion nicht konsistent zu deuten sind. Viele der grossen Revisionen in der Geschichtsschreibung sind in der Tat nicht auf die "Entlarvung" durch kritische Rekonstruktion der Fälschungsgeschichte zustande gekommen, sondern durch die Entdeckung empirischer Tatbestände, die im herkömmlichen Kontext nicht mehr konsistent zu deuten waren. Umgekehrt hat der Historiker also die Möglichkeit, zumindest in Umrissen bereits vorweg jene Sachverhalte zu beschreiben, die seine Geschichte oder die Geschichte anderer zu Fall bringen müssten; er kann sich dann auf die Suche nach diesen machen und wird mitunter dabei sogar fündig.

Zweifelhaft an der narrativen Geschichtstheorie sind letztlich aber vor allem Neigungen, von der narrativen Struktur der Geschichtspräsentation auf die Struktur der Geschichte überhaupt zu schliessen. Wie die "Stories" der Sensationspresse sind hier Geschichten nicht nur spezielle Formen der Präsentation von Vergangenheit, es sind vielmehr reale Vorgänge, die lediglich nacherzählt werden müssten; die Vergangenheit selbst hätte demnach narrative Struktur und die Arbeit des Historikers wäre somit durch das Leben selbst schon fast getan, wie Dilthey es einmal formuliert hat. Von der Einsicht Lübbes, Geschichte sei nur in den Erzählungen über sie noch lebendig und müsse deshalb mit diesen identifiziert werden, ist es nicht mehr weit zum radikalen Relativismus und Subjektivismus Baumgartners (1972), der die Existenz einer Geschichte über den Geschichten ganz leugnet und letztere als freie Entwürfe der jeweiligen individuellen oder kollektiven Vergangenheit begreifen möchte. Diese liesse sich dabei ganz nach Bedarf verändern, indem verschiedene Geschichten über sie erzählt werden. Wenn man aus der Geschichte zwar nichts lernen, aber mit Geschichten vieles behaupten und manches legitimieren kann, so öffnen sich der Manipulation nun alle Türen. Um so wichtiger ist eine Instanz, die sich nicht nur an der (kritischen oder unkritischen) Rekonstruktion von Geschichten beteiligt, sondern die Grundannahmen der Rekonstruktion hinterfragt und prüft. Diese Aufgabe hat sich die Historische Sozialforschung gestellt.

I.6. Analytische Geschichtsphilosophie

Historismus, Neohistorismus und narrative Geschichtstheorie befassten bzw. befassen sich zu einem nicht geringen Teil mit der Frage, wie die Tätigkeit des Historikers von derjenigen des Sozialwissenschaftlers abgegrenzt werden könne oder müsse. Ganz anders dagegen die Analytische Philosophie und Geschichtstheorie in den angelsächsischen Ländern. Hier ging es und geht es auch heute noch wesentlich um die Gemeinsamkeiten von Geschichte, Sozial- und Naturwissenschaften, konkret um die Frage, ob die Historie auf ein Erkenntnis-Schema verpflichtet werden könne oder müsse, wie es in den Naturwissenschaften anzutreffen ist. Das Modell deduktiv-nomologischer Kausalerklärung (kurz DN-Erklärung oder Covering-law-Schema) postuliert in der ursprünglichen Fassung, wie es von Hempel und Popper entwickelt worden war, lediglich eine prinzipielle Geltung schlussfolgernder Gesetzeserklärung in allen Wissenschaften (auch der Historie). Es ist inzwischen unbestritten, dass die reine Gesetzeserklärung eher der Idealfall, hingegen schwächere deterministische oder probabilistische theoretische Erklärungen die Regel sind und nicht umgekehrt. Hempels berühmter Aufsatz zur Funktion allgemeiner Gesetze in der Geschichte (Hempel 1942) ist denn auch weniger als Aufforderung zur Umgestaltung der Historie nach dem Muster der Naturwissenschaften zu verstehen. Es soll lediglich auf Gemeinsamkeiten in der Struktur von Erklärungen verwiesen werden.

Hempel und vor allem Popper haben immer wieder deutlich zu erkennen gegeben, dass sie an die Existenz von Geschichtsgesetzen (die einen Vergleich mit den Gesetzmäsigkeiten von Physik oder Chemie aushalten könnten) nicht glauben. Popper (1957) vor allem hat mit seiner Kritik an jenen historischen Gesetzmässigkeiten, die der Marxismus propagiert, allen Versuchen dieser Art eine deutliche Absage erteilt, und zwar nicht nur aus wissenschaftlichen, sondern auch aus politischen Gründen: Denn wo Geschichte nicht Handlungsresultat sondern Produkt blinder Gesetzesmechanismen ist, da bleibt die Freiheit auf der Strecke. Die offene Gesellschaft zeichne sich Popper zufolge denn auch wesentlich durch die Offenheit ihrer Zukunft aus, die zu gestalten in der Verantwortung der Menschen selbst liege.

Die vorhergehende Darstellung der narrativen Geschichtskonzeption hat gezeigt, warum bei der Erklärung historischer Abläufe, etwa dem der Reformation, mit Theorien oder gar Gesetzen (wenn es solche geben sollte oder wenn man bereit wäre, solche aufzustellen) allein nur wenig anzufangen ist. Überflüssig wäre die Rekonstruktion temporaler Strukturen in Erzählungen, wenn es gelänge, die in diesen präsentierten Ereignisketten der Art wie A-B-C-D-E auf Strukturen wie A-E zu verkürzen; d.h. die Folge E müsste restlos aus ihrer Ursache A durch Hinweis auf eine entsprechende Hypothese, eine Theorie oder ein Gesetz erklärt werden können. Dies ist allerdings nur in seltenen Fällen (nämlich im Bereich geschlossener Systeme) möglich, wie man sie annäherungsweise z.B. in Physik und Chemie vorfindet. Ohne einen Fundus von Hypothesen, Theorien oder Gesetzen geht es aber auch in der Geschichte nicht, denn nur vor deren Hintergrund lässt sich z.B. die Genese von abweichenden Fällen entwickeln, mit deren narrativer Rekonstruktion es die Geschichte Lübbe zufolge zu tun hat. Mit andereren Worten: Die Biegungen in napoleonischen Strassen sind selbstverständlich nur jenen ein Problem, die davon ausgehen, dass napoleonische Strasse in der Regel gerade verlaufen.

I.7. Marxistische Geschichtskonzeption

In den einleitenden Bemerkungen zu diesem Kapitel wurde zwischen der Theorie der Geschichte (als Wissenschaft), der sog. Geschichtstheorie einerseits, und der Theorie der Geschichte als Verlaufsgeschehen anderseits unterschieden; soweit der Anspruch einer Theorie der zweiten Art sehr umfassend ist, also Weltgeschehen in seinem Gesamt-zusammenhang von der Vorgeschichte bis zur Gegenwart theoretisch (d.h. nicht nur mehr narrativ) erklärt werden soll, spricht man von einer sog. Geschichtsphilosophie. Eingangs wurde ebenfalls darauf hingewiesen, dass Theorien immer auch einen präskriptiven Aspekt besitzen; sie verweisen nicht nur auf die immanente Logik ihres Gegenstandes, sondern verlangen ein ganz bestimmtes Verhal-ten, wenn dieses mit der Theorie kompatibel sein soll. Der Marxismus ist nun alles drei: erstens eine Theorie der Wissenschaft (besonders der Geschichtswissenschaft), zweitens eine Geschichtsphilosophie mit umfassendem Anspruch sowie, drittens, Handlungsanleitung für die wissen-schaftliche und (last but not least) auch die politische Praxis.

Als letzte der Gattung jener grossen, philosophischen Systementwürfe, gegen die sich bereits der frühe Historismus vehement wehrte, weil diese der Konsistenz ihrer Konstruktion zuliebe das historische Detail mitunter arg vernachlässigen, gehört der Marxismus ohne Zweifel zu einer aussterbenden wissenschaftlichen Spezies: Wenn sich mit einiger Überzeugungskraft bereits die These von der Theorieunfähigkeit der Geschichte vertreten lässt, so sollte der Erklärungsanspruch einer Geschichtsphilosophie, der jenen der sozialwissenschaftlichen Theorien kurzer oder auch mittlerer Reichweite vollkommen in den Schatten stellt, eigentlich kaum mehr ernsthaft aufrecht erhalten werden können.

Nicht so der Marxismus. Seine andauernde Bedeutung verdankt sich allerdings wesentlich zwei Faktoren, die mit wissenschaftlichen Qualitäten nichts zu tun haben: Im sowjetisch kontrollierten Teil der Welt ist der Marxismus, erstens, die offizielle politische Doktrin; was dieser Doktrin an Überzeugungskraft mangelt, wird durch staatliche Sanktion bei Zweifeln oder gar Kritik an dieser weit überkompensiert. Sowjetologen sind zu der Überzeugung gekommen, dass die im Westen oft als zynisches Ritual dargestellten Bekenntnisse kommunistischer Spitzenfunktionäre und respektabler Wissenschaftler zum Marxismus ernst genommen werden müssen (Lenczwoski 1982), denn diese haben politische, nämlich legitimierende Funktion und wirken als Loyalitätsbeweis. Mangels anderer Verfahren der Legitimation hat die marxistische Doktrin und das Bekenntnis zu dieser für das sowjetische Herrschaftssystem also vitale Bedeutung. Es versteht sich, dass eine Doktrin, die den Bestand eines Systems garantiert, bei dessen Exponenten hoch geschätzt und in Ehren gehalten wird.

Schliesslich und zweitens findet der Marxismus als Ideologie auch unter den Intellektuellen im Westen immer wieder Befürworter, einmal mehr, einmal weniger. Ideologien sind die "Wunderdrogen" der Wissenschaft. Sie schöpfen ihre Kraft nach Kuhn (1984) aus der "verhängnisvoll verfälschten Fusion von universalen Gedanken und politischer Realität": Komplexe Vorgänge werden rasch und elegant auf den Begriff gebracht, das vermeintliche Grundübel beim Namen genannt und alle Widersprüche, sollten sich endlich doch noch einige regen, verbal vollkommen eingenebelt. Die akademische Jugend, noch unerfahren im Umgang mit dem Phänomen, lässt sich mitunter blenden. Während die professoralen Vordenker es meist dabei belassen, das "gegenstandslose Denken" (Kuhn) quasi als Kunstform zu pflegen, macht die Jugend jedoch mitunter Ernst aus dem Spiel: Bewegungen entstehen, und man geht daran, abstrakte Ideen in die Tat umzusetzen. Das Resultat ist nicht selten Chaos; schlimmstenfalls stellen sich nach dem Sieg der Ideologie despotische Zustände ein.

Die Wissenschafts- und damit auch die Geschichtstheorie des Marxismus basiert auf der marxistischen Geschichtsphilosophie, dem sog. Historischen Materialismus. Wer die wissenschafts- und erkenntnistheoretische Argumentation des Marxismus verstehen will, muss über die Grundgedanken des Historischen Materialismus also informiert sein. Anderseits trifft jede Kritik des Historischen Materialismus somit auch indirekt die marxistische Geschichtstheorie, nämlich an ihrer Basis.

Entgegen manchen Beteuerungen und falschen Vorstellungen lassen sich die Grundannahmen des Historischen Materialismus durchaus in nützlicher Kürze darstellen, ohne dass der Sache damit gross Gewalt angetan würde. Dies hat zwei Gründe. Erstens hat sich Marx selbst nur spärlich zu Fragen des Historischen Materialismus geäussert; lediglich die "Deutsche Ideologie" und das "Vorwort zur Kritik der Politischen Ökonomie" enthalten einige zusammenhängende Passagen zum Historischen Materialismus. Das "Kapital" selbst kann als Analyse der bürgerlichen Gesellschaft Westeuropas im 19. Jahrhundert aus dem Blickwinkel des Historischen Materialismus verstanden werden. Zweitens ist der Historische Materialismus als Theorie des Geschichtsverlaufs wie jede Theorie hierarchisch aufgebaut; es genügt, die zentralen Hypothesen zu kennen, denn die übrige Struktur der Theorie lässt sich aus diesen deduktiv ableiten.

Aus der Sicht des Historischen Materialismus bestimmen einige wenige, wichtige Gesetzmässigkeiten den Verlauf der Geschichte. Motor der Entwicklung menschlicher Gesellschaft von den Anfängen bis zum modernen Industriestaat ist aus marxistischer Sicht die Dialektik von Produktivkräften und Produktionsverhältnissen. Eine Gesellschaft befindet sich im Gleichgewicht, wenn beides, der Stand der Produktivkräfte und die Produktionsverhältnisse (d.h. das politische und soziale Umfeld wirtschaftlicher Aktivitäten) einander entsprechen. Stalin hat diesen Zusammenhang auf eine plastische Formel gebracht: "Die Handmühle ergibt eine Gesellschaft mit Feudalherren, die Dampfmühle eine Gesellschaft mit industriellen Kapitalisten" (zitiert bei Habermas 1976b:143). Die historische Entwicklung von Produktivkräften einerseits und Produktionsverhältnissen anderseits verläuft jedoch nicht synchron: Vielmehr geht der Marxismus von einem endogenen, selbststimulierten Wachstum des technisch und organisatorisch im Produktionsprozess verwertbaren Wissens aus; dieses sorgt tendenziell für einen Entwicklungs-

vorsprung der Produktivkräfte vor den Produktionsverhältnissen, was nach und nach zu "Widersprüchen", d.h.
Inkompatibilitäten zwischen beidem, führt. Die notwendigen
Anpassungen verlaufen jeweils krisenhaft, denn Produktionsverhältnisse sind wesentlich Herrschaftsverhältnisse, und
deren Änderung geht nicht ohne den Widerstand jener
vonstatten, die von den überkommenen Produktionsverhältnissen am meisten profitieren.

Gegen Herrschaft an sich, also die Kontrolle des
Menschen über den Menschen, ist aus marxistischer Sicht
nichts einzuwenden, wenn diese historisch gerechtfertig ist,
d.h. solange Knappheit das dominierende Strukturmerkmal
menschlichen Wirtschaftens darstellt und Verteilungs- und
sonstige Vorgänge gesteuert werden müssen. Der real
existierende Sozialismus bezeichnet aus diesem Grunde auch
das eigene Herrschaftssystem ohne Scheu als die Diktatur des
Proletariats. Mit wachsender Entwicklung der Produktivkräfte
und zunehmender Beseitigung der Knappheit wird Herrschaft
jedoch überflüssig und man entledigt sich ihrer. Marx
identifizierte in der Weltgeschichte fünf sog. Produktionsweisen, die jeweils einem spezifischen Stand der Produktivkräfte entsprechen: Die primitive, prähistorische
Gesellschaft; die orientalischen Despotien; die antiken
Sklavenhalter-Gesellschaften; die feudalen Gesellschaften
des europäischen Mittelalters, die wirtschaftlich auf dem
System der Leibeigenschaft beruhten; schliesslich die
bürgerliche Gesellschaft mit Kapitalismus und Lohnarbeit.
Der sog. real existierende Sozialismus hat aus marxistischer
Sicht mit der Abschaffung des Privateigentums an den Produk-
tionsmitteln schliesslich bereits den entscheidenden Schritt
zum Kommunismus, der letzten Phase des historischen Emanzi-
pationsprozesses des Menschen, getan. Auch Hinweise west-

licher Kritiker auf den technischen Rückstand der
sozialistischen Länder und auf Mängel der Versorgung mit
allem ausser Artikeln des täglichen Grundbedarfs vermögen
Marxisten nicht zu beeindrucken; man begegnet entsprechenden
Einwänden vielmehr mit der Feststellung, der Westen sei zwar
bezüglich des Standes der Produktivkräfte den sozialistischen Ländern in der Tat einige Jahre oder gar Jahrzehnte
voraus; doch die Produktionsverhältnisse in den sozialistischen Ländern seien jenen des Westens eine ganze
historische Epoche voraus; jene krisenhaften Umwälzungen,
die dem Westen noch bevorstünden, habe die sozialistische
Welt bereits hinter sich gebracht.

Die oben bereits geschilderte Faszination des Marxismus
beruht auf der Tatsache, dass er Weltgeschichte von den
Anfängen bis zur Gegenwart auf eine einfache Formel bringt
und damit nicht nur anscheinend vieles erklärt, sondern auch
Perspektiven einer vermeintlich rosigen Zukunft aufzeigt.
Dabei sehen nicht wenige über die offensichtlichen Mängel
der Theorie und die Widersprüche zwischen Theorie und
marxistischer Praxis gerne hinweg. In diesem Zusammenhang
soll nur auf einige der unzähligen, wichtigen geschichtlichen Sachverhalte verwiesen werden, denen der Historische
Materialismus nicht gerecht wird. Nicht ganz zeitgemäss
wirkt vor allem der ungebrochene Fortschrittsglaube des
Marxismus, also die Ansicht, technisch-organisatorisches
know how entstehe nicht nur naturwüchsig aus sich selbst
heraus, sondern setze sich zwangsläufig und zum Wohle der
Menschen in ein Wachstum der Produktivkräfte mit
emanzipatorischen politischen Folgewirkungen um. Historisch
gesehen ist eher das Gegenteil richtig: Habermas hat darauf
hingewiesen, dass die "grossen endogenen Entwicklungsschübe,
die zur Entstehung der ersten Hochkulturen oder zur

Entstehung des europäischen Kapitalismus geführt haben, ...
eine nennenswerte Entfaltung der Produktivkräfte nicht zur
Bedingung, sondern zur Folge" hatten (Habermas 1976b:161).

Allzu starr ist auch die Typologie der fünf bzw. sechs
historischen Produktionsweisen. Ein pikantes Detail, das
selbst unter Marxisten bis heute immer wieder heftige
Debatten auslöst, ist die Frage der Einordnung der
Gesellschaften des sog. real existierenden Sozialismus
Osteuropas und der Dritten Welt in dieses Schema. Nach
offizieller Doktrin befinden sich die sozialistischen Länder
in einer Durchgangsstation auf dem Wege zum genuinen
Sozialismus und endlich Kommunismus. Einige marxistische
Kritiker im Westen interpretieren das sowjetische
Herrschaftssystem hingegen als Rückfall auf die zweite,
despotische Stufe gesellschaftlicher Entwicklung. In
Wahrheit habe in der Sowjetunion 1917 keine proletarische
Revolution stattgefunden, sondern eine sog. "asiatische
Restauration": Nicht die Arbeiterklasse sei an die Macht
gekommen, sondern eine Intellektuellenclique, die eine in
Wahrheit bürgerliche Revolution dazu benutzt hätte,
zaristisch-bürokratische Zustände unter anderem Vorzeichen
wiederzubeleben. Bahro (1977) z.B. bezeichnet das Sowjet-
system (in Anspielung auf die Produktionsweise der
orientalischen Despotie) als "Industrialisierungs-Despotie".
Da Marxisten einem verschwommenen Theoriebegriff anhängen,
der nicht klar zwischen deskriptivem (empirisch prüfbaren)
und präskriptivem Teil unterscheidet, hindert die schlimme
Praxis kommunistischer Herrschaft einen Marxisten auch nicht
daran, wenn er will, Marxist zu bleiben. Der polnische
Philosoph Adam Schaff z.B. besteht darauf, dass "eine

gegenüber der Theorie verlogene Praxis" selbstverständlich nicht die Theorie "widerlegen" könne (vgl. Der Spiegel Nr. 21/1985:143).

Über den Historischen Materialismus lässt sich, wie über andere Geschichtsphilosophien auch, mit Anstand und in interessanter Weise diskutieren. Gewichtiger und gefährlicher sind die praktischen Konsequenzen für die Politik des Marxismus und, was in diesem Zusammenhang interessiert, für die Sozialforschung und Historie (vgl. Ruloff 1984:212ff.). Zentral für das marxistische Wissenschafts- und Erkenntniskonzept ist die sog. Abbildtheorie, die im Gegensatz zu Hegels idealistischer Konzeption in einer realistischen Seinsmetaphysik gründet und von Marx selbst mit der Bemerkung gegen diese abgegrenzt wurde, er habe die Hegel'sche Konzeption nur mehr "auf den Kopf" gestellt: "Meine dialektische Methode ist der Grundlage nach von der Hegel'schen nicht nur verschieden, sondern ihr direktes Gegenteil. Für Hegel ist der Denkprozess, den er sogar unter dem Namen Idee in ein selbständiges Subjekt verwandelt, der Demiurg der Wirklichkeit, das nur seine äussere Erscheinung bildet. Bei mir ist umgekehrt das Idelle nichts anderes als das im Menschenkopf umgesetzte und übersetzte Materielle" (Marx-Engels Werke 23:27). Marx fasst die "Begriffe unseres Kopfes wieder materialistisch als die Abbilder der wirklichen Dinge, statt die wirklichen Dinge als Abbilder dieser oder jener Stufe des absoluten Begriffs" auf (Marx-Engels Werke 21:292f.).

Wissenschaft gehorcht nach marxistischem Verständnis als Teil der Gesellschaft jedoch wie diese selbst den Gesetzmässigkeiten des Historischen Materialismus. Die Art und Weise, wie die "wirklichen Dinge" nun in den "Begriffen unseres Kopfes" abgebildet werden, hängt demnach vom jeweiligen Bewusstseinsstand ab, der wiederum die herrschenden Produktionsverhältnisse reflektiert. Lenin zufolge gibt es zwar eine "objektive Realität", die "ausserhalb unseres Bewusstseins existiert" (Werke 14:260); aber es ist dem Menschen nicht möglich, diese von aussen, von einem quasi archimedischen Punkt aus, zu betrachten. Der Mensch ist vielmehr Bestandteil dieser Realität. Nach marxistischer Sicht sind die Abbilder, die sich der Mensch von der Realität macht, zwar objektiv, aber nur in einem ganz banalen Sinne, und zwar insofern sie diese Umwelt tatsächlich repräsentieren. Jeder weitergehende Objektivitätsanspruch jeder Form der Erkenntnis wird als naiv abgelehnt.

Soweit ist die marxistische Erkenntniskonzeption jedoch kaum originell; auch der Historismus betont bekanntlich die Historizität jeder Erkenntnis und verlangt, dass diese auf den jeweiligen historischen Kontext, in dem sie entstanden ist, relativiert werden müsse. So weist Droysen in der "Historik" darauf hin, er wolle "nicht mehr, aber auch nicht weniger zu haben scheinen, als die relative Wahrheit meines Standpunktes, wie ihn mein Vaterland, meine politische, meine religiöse Überzeugung, mein ernstliches Studium mir zu erreichen gewährt hat" (Droysen 1974:287). Der Historische Materialismus als Theorie der Weltgeschichte erlaubt dem Marxisten nun jedoch, zwischen vermeintlich fortschrittlichen und weniger fortschrittlichen Überzeugungen zu unterscheiden, d.h. solchen, die sich nach marxistischer Anschauung in Einklang mit der Geschichtsentwicklung befinden, und solchen, die von der Geschichte überholt worden sind. Und je fortschrittlicher eine Perspektive ist, umso "objektiver" die darauf basierende Erkenntnis. Da in der Abfolge der historischen Produktionsweisen nun jedoch der Sozialismus nach marxistischer Meinung der bürgerlichen Gesellschaft eine ganze Epoche voraus sei, dürfe der marxistische Wissenschaftler für sich selbst und seine Einsichten auch einen höheren Grad an Objektivität beanspruchen.

Noch einen Schritt weiter geht der polnische Philosoph Adam Schaff mit seiner These von der Parteilichkeit als Voraussetzung objektiver Erkenntnis. Wenn schon der Blick auf die Umwelt nur durch die perzeptive Brille des jeweiligen (Klassen-)Standpunkts möglich sei, so habe sich der Wissenschaftler zu dieser Tatsache in ein positives Verhältnis zu setzen, indem er sich nicht nur dazu bekenne, sondern seinen "gesellschaftlichen Auftrag" akzeptiere und in dessen Sinne, d.h. einen "parteilichen Standpunkt" einnehmend, vorgehe (Schaff 1970: 254f.). Damit sei "die Gefahr der Willkürlichkeit und Subjektivität der Materialauswahl ausgeschlossen, die Arbeit wird objektiv" (ebenda). Der marxistische Historiker sei "bewusst parteilich - klassenbewusst - geschichtsbewusst", so auch Sandkühler (1973:407). Immerhin wird bei Schaff die Arbeit der "bürgerlichen" Geschichtswissenschaft nicht pauschal für überholt erklärt. Man könne auch diese als objektiv bezüglich des eingenommenen Klassenstandpunktes bzw. der historischen Situation akzeptieren, wenn man "das 'falsche Bewusstsein' als partielle Wahrheit und nicht als Entstellung" auffasse (Schaff 1970:142).

Die anmassende Art, in der die Theoretiker des Marxismus die alleinige Gültigkeit ihrer Sichtweise behaupten (vgl. auch Fleischer 1977; Sandkühler 1973 und 1975; Schmidt 1977), ist ohne Zweifel ärgerlich und jedem

Dialog abträglich. Glücklicherweise hat der marxistische "Überbau" für die Forschungspraxis der Historie in den sozialistischen Ländern, soweit es deren Methoden betrifft, aber keine grosse Bedeutung. Geschichtsforschung in den sozialistischen Ländern ist in aller Regel methodisch konventionell, doch auch Historische Sozialforschung ist in Ansätzen zumindest selbst in der Sowjetunion offenbar möglich (vgl. Rowney 1984), wenn man die Einbeziehung historischer Statistiken in die Arbeit sowjetischer Historiker bereits in dieser Weise deuten möchte.

I.8. Schule der Annales

Es ist heute üblich, eine bestimmte Richtung der französischen Wirtschafts- und Sozialgeschichte nach ihrem wichtigsten Publikationsorgan, den "Annales d'histoire économique et sociale", als Schule der Annales zu bezeichnen. Ein zentrales Merkmal dieses Ansatzes ist die Untersuchung historischer Strukturen, also von Merkmalen sozialer Systeme, die über lange Zeit hinweg unverändert bleiben; man kann deshalb von der Schule der Annales auch als dem französischen Geschichtsstrukturalismus sprechen (vgl. Ruloff 1984:283ff. und den Beitrag von Wüstemayer im Sammelband von Rüsen/Süssmuth 1980), der allerdings nicht mit dem Strukturalismus in Soziologie und Anthropologie verwechselt werden darf. Die Entstehung der Schule der Annales reicht bis in das erste Viertel dieses Jahrhunderts zurück, als diese dem damals in Frankreich vorherrschenden Geschichtspositivismus entgegengesetzt wurde. Eine Gruppe von Gelehrten um den Literaturhistoriker Henri Berr und den Wirtschaftshistoriker Francois Simiand hatte sich vorgenommen, Historie nach dem Muster der Sozial-

wissenschaften zu einer nicht interdisziplinären, historisch
orientierten, sondern umfassenden neuen Humanwissenschaft zu
machen (vgl. Iggers 1978:55-96). In diesem Anspruch, der bis
heute von den Vertretern der Schule der Annales aufrecht
erhalten, aber bislang noch nicht eingelöst werden konnte,
liegt auch der zentrale Unterschied zur Historischen
Sozialforschung, die ihrem Verständnis nach interdisziplinär
sein will und nicht in Konkurrenz zu den übrigen
Sozialwissenschaften auftritt.

Die neue Wissenschaft der Schule der Annales besass
also ein Programm; sie entstand nicht bloss aus Unbehagen an
der etablierten Historie, wenn auch als Gegenbewegung zu
dieser, wobei die Kritik sich zunächst auf den Geschichtsbegriff der herkömmlichen Ereignis- und Institutionen-
geschichte z.B. bei Fustel de Coulange richtete. Für den
Wirtschaftshistoriker Simiand galt es als selbstverständlich, dass sich die Beschäftigung mit dem vermeintlich
erratischen Hin und Her der politischen Ereignisse nicht
lohne; für Simiand sind die wirtschaftlichen Strukturen und
die aus ihnen heraus zu erklärenden Schwankungen von Preisen
und Löhnen die echten historischen Fakten. "Harte" Daten
sollten die Grundlage der historischen Forschung bilden, und
als Instrument ihrer Analyse war die Statistik vorgesehen.
Die Gründer der Annales, Marc Bloch, Fernand Braudel und
Lucien Febvre haben jene programmatische Linie definiert,
der sich auch die heutigen Vertreter der Schule der Annales
im grossen und ganzen noch verpflichtet fühlen. Dabei hat
das Interesse an historischen, d.h. über lange Zeit hinweg
festen Strukturen und langen Zeitreihenserien zwangsläufig
zu einer Vernachlässigung der modernen Geschichte geführt,
denn historische Strukturen, die diese Bezeichnung
verdienen, findet man in der europäischen Geschichte nur in

der vorindustriellen Zeit, deren agrarische Grundlagen sich seit dem frühen Mittelalter in der Tat nur wenig verändert haben. Während man sich zunächst vor allem auf die Zusammenstellung langer Zeitreihen von "harten" Daten wie z.B. Preisen landwirtschaftlicher Produkte und ihrer Analyse konzentrierte, widmen sich die Vertreter der Annales-Schule in den letzten Jahren auch den eher "weichen" Phänomenen. So untersucht Le Roy Ladurie (1982) in seiner letzten grossen Studie die "kollektive Mentalität" der Landbevölkerung des Languedoc und stellt bezeichnenderweise dabei fest, dass diese sich über mehr als 200 Jahre (1570-1790) nicht verändert habe: Alles kreist ums Geld, von der Erbschaft bis zur Eheschliessung, der einzig legalen Art, auf rasche Weise den eigenen Reichtum zu mehren (durch Arbeit allein war dies offensichtlich nicht möglich). Das Interesse an festen, die Jahrhunderte überdauernden Strukturen, den sog. "langsamen" Variablen, bleibt also bestehen; Fragen des Strukturwandels verbleiben immer noch eher im Hintergrund.

Schwierigkeiten hat die Schule der Annales, wie Kritiker (z.B. Groh 1973) bemerkt haben, mit den "schnellen" Variablen, also Phänomenen des Umbruchs, den Revolutionen und der Industrialisierung Europas, aber nur insofern, als sie diese Vorgänge zunächst nicht interessieren und dieses Desinteresse nicht eben einfach zu begründen ist. Immerhin hat die Schule der Annales dies in ihrer Theorie der historischen Zeit zu leisten versucht, wobei umgekehrt zunächst die Frage gestellt wird, weshalb die herkömmliche Historie der politischen Ereignisgeschichte, den "schnellen" Variablen also, den Vorzug gibt. Die Antwort der Schule der Annales: Die herkömmliche Ereignisgeschichte unterstellt naiv den (Kalender-) Zeitbegriff der eigenen Lebenswelt, die

Zeitperspektive des Zeitungslesers sozusagen, wobei dann tatsächlich nur politische Ereignisse ins Bild geraten.

Zeitmessung gilt im Zeitalter der Billig-Quarzuhr als einigermassen banale Sache, was die technischen Grundlagen im engeren Sinne betrifft - Verfahrenstechnik (billige und tadellose Herstellung) sowie Marketing sind die Probleme der Uhrenindustrie heute. Der Frage, was Zeit eigentlich ist, kommt man jedoch in einer Wesensfragen vermeidenden Weise am ehesten näher, wenn man danach fragt, wie Zeit überhaupt gemessen wird. Die Erfahrung, dass es verschiedene Zeitbegriffe auch heute noch gibt und dass sich Zeit in verschiedener Weise, d.h. nicht nur als Uhr- bzw. Kalenderzeit der jede Minute verplanenden westlichen Industriegesellschaft manifestiert, lässt sich auch heute noch leicht im Kontakt mit anderen, durchaus nicht nur weniger entwickelten Gesellschaften machen. Auch in Westeuropa gibt es auf dem Lande noch Gegenden, in denen die Zeit buchstäblich stillzustehen scheint, wo also andere Zeitvorstellungen herrschen. Überhaupt muss offenbar die Frage nach der Zeit in den verschiedenen Lebensbereichen jeweils neu gestellt werden. Dies äussert sich bereits in der unterschiedlichen Einschätzung dessen, was eine "kurze" Zeit und was eine "lange" Zeit ist.

Jedes System hat offenbar seine eigene Zeit, wobei Zeit sich nicht nur am Wandel innerhalb des Systems erfahren lässt, sondern auch an dessen Wandel gemessen werden kann. Dazu eignen sich nicht nur die Jahreszeiten oder markante Ereignisse der Zeitgeschichte (Vorkriegszeit, Nachkriegszeit), sondern ebenso Veränderungen der eigenen Lebensumstände. Selbstverständlich kann Wandel überhaupt nur vor einem festen Hintergrund erfahren werden. Aus diesem Grund

kann es vorkommen, dass jene, die mitten in einem
Wandlungsprozess stecken, diesen als letzte erst wahrnehmen,
wenn es an derartigen Bezugspunkten mangelt. Für Zwecke der
Zeitmessung eignen sich selbstverständlich vor allem
kontinuierliche, physikalische Vorgänge, wobei allerdings
zwischen geeigneten und ungeeigneten ausgewählt werden muss.
Der Wandel politischer Institutionen lässt sich z.B. nicht
mit der Stoppuhr messen; die Popularität eines
Regierungschefs hingegen schwankt mitunter von Tag zu Tag,
und ein "Formtief" ist deshalb kein Grund zur Beunruhigung,
es sei denn, die Wahlen finden bereits am folgenden Tag
statt: dem britischen Premierminister Margret Thatcher wird
die Bemerkung zugeschrieben, in der Politik sei eine Woche
eine sehr lange Zeit.

Die Grösse des benötigten Zeitquants, das Beobachtung
oder Orientierung ermöglicht, hängt also stark vom der
Geschwindigkeit des jeweiligen Vorgangs ab; es muss jeweils
sehr bewusst den Umständen angepasst werden. Umgekehrt
bestimmt die Wahl des Zeitquants in grossem Masse, was
überhaupt ins Blickfeld gerät. Bereits in der zweiten Hälfte
des letzten Jahrhunderts hat K. E. von Baer in einer
Abhandlung über die "Abhängigkeit unseres Weltbildes von der
Länge unseres Moments" (Nachweis bei Ruloff 1984:282) auf
diesen Zusammenhang verwiesen: Ein "Inframensch" von nur
einem Hunderttausendstel der menschlichen Lebensdauer mit
entsprechend kleinerem Erfahrungsmoment (aber allen
sonstigen Fähigkeiten des intelligenten Erwachsenen) würde
zwangsläufig zu vollkommen anderen Konstatierungen gelangen,
was seine natürliche Umwelt betrifft. Lässt man nun das
Zeitquant der Beobachtung einmal stetig gegen null abnehmen,
ein andermal aber stetig gegen unendlich wachsen, so erhält
man Transformationen der menschlichen Wahrnehmungswelt, bei

denen diese im ersten Fall in vollkommener Bewegungs-
losigkeit erstarrt, im zweiten Falle aber in totalem Wandel
verschwimmt. Es versteht sich nun, dass der naiv
unterstellte Zeithorizont der eigenen Lebenswelt einen
grossen Teil von Erfahrungsmöglichkeiten bereits ausklam-
mert. Erst die bewusste Wahl eines Zeihorizonts, ja erst die
Betrachtung einer Sache aus der Perspektive verschiedener
Zeithorizonte, vermag vor der willkürlichen Ausgrenzung
wichtiger Sachverhalte zu schützen.

Die Schule der Annales hat mit den Untersuchungen von
Braudel (1958), Furet (1976) und anderen nun zwar nicht
eine Theorie der historischen Zeit entwickelt, wie man sie
in Ansätzen z.B. bei Luhmann (1976b) findet, aber immerhin
eine Typologie historischer Zeiten vorgenommen und die
Konsequenzen für den Historiker bei der Wahl einer dieser
Zeiten herausgearbeitet. Braudels kurze Zeit (temps
individuel) wäre jene, die üblicherweise in der
Ereignisgeschichte Verwendung findet. Ihr folgt die soziale
Zeit (temps social), die dazu dient, gesellschaftliche
Veränderungen zu erfassen. Die Zeiten langer und sehr langer
Dauer (longue durée und très longue durée) beziehen sich auf
soziale Evolution und erdgeschichtliche Vorgänge. Furet
(1976) hat nun darauf hingewiesen, dass mit der Wahl des
Zeithorizonts nicht nur die Perspektive beschränkt wird;
vielmehr ändert sich auch sehr grundlegend das, was als
Fakten überhaupt ins Blickfeld rückt. Der Historiker, so
Furet 1976:108), könne sich mithin nicht länger der Einsicht
entziehen, "dass er seine 'Fakten' selbst konstruiert".

Es stellt sich damit natürlich die Frage, welcher
Zeithorizont für den Historiker am wichtigsten ist, oder ob
möglicherweise unter den vier historischen Zeiten je nach

Erkenntnisinteresse ausgewählt werden darf. Furet zufolge ist letzteres zumindest nicht der Fall. Vielmehr sei es die Aufgabe des Historikers, in allen zeitlichen Bereichen präsent zu sein und deren unterschiedliche Rhythmen aufeinander zu beziehen. Auf diese Weise liessen sich "Elemente einer Universalgeschichte" gewinnen. Dies leistet die Schule der Annale zur Zeit zumindest jedoch nicht, weder am konkreten Beispiel, noch in einer Theorie der historischen Zeiten. In diesem Bereich scheint sogar die narrative Geschichtskonzeption einen Vorsprung zu besitzen, z.B. mit Lübbes Theorie nicht-synchroner historischer Abläufe, die in ihrer Interferenz als "Prozesse der Systemindividualisierung" (Lübbe 1975:134) für das Singuläre in der Geschichte sorgen; oder mit Luhmanns Theorie der Systemgeschichte, die nicht nur zwischen verschiedenen Systemzeiten unterscheidet, sondern über die "Dreifachmodalisierung" der Zeit auch die relative zeitliche Position des Beobachters berücksichtigt: Die gegenwärtige Vergangenheit, also das, was die Geschichtsschreibung als solche präsentiert, ist nicht nur von einer vergangenen Gegenwart zu unterscheiden; vielmehr muss bei ihrer Erforschung auch die damals gegenwärtige Zukunft mit berücksichtigt werden, also jener Horizont damals denkbarer Möglichkeiten, unter dem gehandelt wurde (Luhmann 1976b:352).

Die Zusammenarbeit zwischen der Schule der Annales und der (vor allem amerikanischen) Historischen Sozialforschung ist ausserordentlich eng, besonders auf dem Gebiet der historischen Demographie und Wirtschaftsgeschichte. Auch in forschungstechnischen Bereichen gibt es manche Ansatzpunkte. Unterschiedlich ist hingegen die Einstellung zur Theorie. Während die Historische Sozialforschung den Fundus sozialwissenschaftlicher Theorien nutzt bzw. durch Verwendung historische Daten an der Theorieprüfung arbeitet, müsste eine Theorie für die Schule der Annales höhere Ansprüche erfüllen: Sie sollte den Geschichtsprozess insgesamt erklären. Eine solche Theorie gibt es gegenwärtig nicht; die Schule der Annales sieht in ihr eher das Resultat einer kollektiven Forschungsanstrengung der Historie, deren Abschluss auch zur Zeit kaum in Sicht ist.

I.9. Geschichte als Historische Sozialwissenschaft

Geschichte als Historische Sozialwissenschaft zu betreiben, fordern seit den späten sechziger Jahren auch eine Reihe von deutschen Historikern um Hans-Ulrich Wehler. Vor allem vier Merkmale zeichnen die Historische Sozialwissenschaft aus: Sie öffnet sich, erstens, dem Theorieangebot der Sozialwissenschaften und greift, zweitens, deren Methodenrepertoire auf, hält dabei aber, drittens, an den traditionellen historisch-hermeneutischen Verfahrensweisen der Historie fest und versucht, empirisch-analytische Methoden in diese zu integrieren. Ihrem Forschungsgegenstand nähert sich die Historische Sozialwissenschaft viertens, in kritisch-reflektierter Weise und erhofft sich davon emanzipatorische Impulse auch für Gegenwartsprobleme. Damit ist die Frage der praktischen Relevanz der Historischen Sozialwissenschaft bereits beantwortet. Gleichzeitig wird auch deutlich, dass die Historische Sozialwissenschaft mit der (quantitativen) Historischen Sozialforschung, um die es in diesem Band geht, nicht verwechselt werden darf, obschon es selbstverständlich Berührungspunkte zwischen beiden gibt.

Ähnlich wie die französische Strukturgeschichte haben auch Wehler und seine Gruppe zum Mittel der Gründung einer historischen Fachzeitschrift gegriffen, um dem Ansatz zu einem Forum für die Diskussion geschichtstheoretischer Fragen und die Publikation von Forschungsresultaten zu verhelfen. Das Vorwort der Herausgeber zum ersten Heft dieser Zeitschrift (Geschichte und Gesellschaft Nr. 1/1975:5ff.) präzisiert die geschichtstheoretischen Vorstellungen der Gruppe: Geschichtsforschung müsse in enger Verbindung mit Soziologie, Politikwissenschaft und Ökonomie betrieben werden, denn die historische Wirklichkeit sei nur dann angemessen erfass- und erforschbar, wenn Theorien, Fragestellungen und Methoden aus den Sozialwissenschaften in die geschichtswissenschaftliche Arbeit einbezogen und zur Grundlage ihrer Arbeit gemacht würden. "Geschichte und Gesellschaft" wird zwar als interdisziplinäre Zeitschrift eingeführt; die neue Historische Sozialwissenschaft dagegen fühlt sich als Teil der Geschichtswissenschaft, deren Eigenständigkeit nicht preisgegeben werden soll. Thematisch beschränkt man sich genau auf jene Bereiche der Geschichte, die von der Schule der Annales eher ausgeklammert werden: Die industriellen und politischen Revolutionen des ausgehenden 18. Jahrhunderts. Eine ausführliche Beschäftigung mit dem geschichtstheoretischen Ansatz der Historischen Sozialwissenschaft erübrigt sich in diesem Zusammenhang, weil dieser sich in grossen Teilen mit den Vorstellungen des Neohistorismus deckt, gerade auch, was die beabsichtigte Integration von historisch-hermeneutischen und sozialwissenschaftlichen Methoden betrifft. Einige kurze Bemerkungen zu den oben genannten vier Merkmalen der Historischen Sozialwissenschaft (also Theorienutzung, Verwendung sozialwissenschaftlicher Verfahren, Bewahrung historisch-hermeneutischer Grundlagen und emanzipatorische Wirkungen) sollten genügen.

Die Kritik an der herkömmlichen Ereignisgeschichte und ihrem Theoriedefizit sind Ausgangspunkt für die Forderung der Historischen Sozialwissenschaft nach Sichtung des Theorieangebots von Soziologie, Politikwissenschaft, Ökonomie und Psychologie: Der "chronologische Bericht über die Ereignisgeschichte" sei nicht nur unzeitgemäss, weil er dem "analytischen historischen Interesse unserer Zeit zuwiderläuft," so Wehler (1973b:11), sondern auch wissenschaftlich unfruchtbar. Statt dessen sei eine "problemorientierte historische Strukturanalyse" gefordert. Wehler zufolge kann die Mutation herkömmlicher Geschichtsrekonstruktion zur Historischen Sozialwissenschaft in Etappen vor sich gehen: So plädiert er zunächst für die erweiterte Verwendung sozialwissenschaftlicher Begriffe (Rolle, Status, Bezugsgruppe, Sozialstruktur, Persönlichkeitstypus usw.), die allerdings "historisch aufgeladen" werden müssten (Wehler 1973a:26). Die gesamthafte Verwertung sozialwissenschaftlicher Theorien in der Historie gestalte sich hingegen schwieriger. Es gehe nicht darum, einzelne dieser Theorien einfach auf den historischen Tatbestand anzuwenden und zu übersetzen; vielmehr seien durch Rückgriff auf den gesamten Fundus sozialwissenschaftlicher Theorien genuine, multidimensionale historische Theorien zu entwickeln.

Wie konkret und in welchem Umfang die Historie sozialwissenschaftliche Methoden nutzen soll und auf welche Art diese mit historisch-hermeneutischen Verfahren verknüpft werden könnten, kann den programmatischen Aussagen Wehlers und seiner Gruppen allerdings nicht entnommen werden. Eine auch nur kursorische Sichtung der in "Geschichte und Gesellschaft" und der Reihe der "Kritischen Studien" publizierten Forschungsresultate zeigt, dass dieser Aspekt bisher Postulat geblieben ist. Überwiegend handelt es sich hier um

konventionell-narrative, teilweise sozialwissenschaftliche
Begriffe nutzende Rekonstruktionen sozialgeschichtlicher
Strukturen, in denen z.B. die Zusammenhänge zwischen Krankheit und Armut (Frevert 1984), die Lebenswelt Hamburger
Werftarbeiter um die Jahrhundertwende (Grüttner 1984) oder
ländliche Schichtungsmerkmale Westfalens im letzten und
vorletzten Jahrhundert (Mooser 1984) entwickelt werden. Dies
ist zwar interessante Geschichtsschreibung, aber methodisch
innovativ oder originell (ganz im Gegensatz z.B. zu den
Beiträgen der Historischen Sozialforschung in Clubb /Scheuch
1980) kann diese Forschung sicherlich nicht genannt werden.
Vielmehr besteht die Gefahr, dass die der Soziologie entlie-
henden Begriffe, wenn sie unvermittelt im narrativen Kontext
erscheinen und nicht näher definiert oder gar diskutiert
werden, ein Verständnis der Argumentation eher behindern als
fördern. Hinweise wie jener, Wirtschaft sei ein sozialer
Interaktionsprozess (Wehler 1973b:24) oder die teilweise
synonyme Verwendung von Begriffen wie soziale Kontrolle,
Sozialisation, Rolleneinübung und Erziehung im gleichen
Kontext (Wehler 1973b:122ff.) verwirren eher, als dass sie
etwas erhellen.

Von einer Historischen Sozialwissenschaft der gerade
beschriebenen Art versprechen sich Wehler und seine Gruppe
vor allem die Rückgewinnung der lebenspraktischen Dimension
von Geschichte, die mit dem Verschwinden der Aufklärungshistorie und dem Entstehen des Historismus verloren gegangen
war (vgl. I.3. und I.4.). Es gehe der Historischen Sozialwissenschaft darum, "die Folgen von getroffenen oder die
sozialen Kosten von unterlassenen Entscheidungen" aufzuzei-
gen (Wehler 1973b:12) und damit "Chancen rationaler Orientierung" zu öffnen, indem "Einsicht in das Gewordensein der
Geschichte" vermittelt wird. Aufgabe der Historischen

Sozialwissenschaft sei es, "ideologiekritisch den Nebel mitgeschleppter Legenden zu durchstossen und stereotype Missverständnisse aufzulösen" (Wehler 1973b:12). Davon erhofft man sich emanzipatorische Wirkungen, denn indem sie "deren allmähliche Entstehung verfolgt, löst sie harte Strukturen auf, entzaubert sie deren vermeintliche Unveränderbarkeit, steigert sie die Chancen, verändernd Einfluss zu nehmen" (Wehler 1973a:21).

Wie dies konkret zu geschehen hätte, auf welche Art und Weise also der Historiker wirksam Veränderungen in der Gegenwart ermöglichen könnte, haben z.B. Oelkers und Riemer (1974) in einem kurzen Aufsatz dargestellt. Als Paradigma einer zukünftigen kritischen Geschichtswissenschaft wird die Psychoanalyse genannt, namentlich das Gespräch zwischen Arzt und Patient, dessen heilende Wirkung in der Herauslösung des Kranken aus jenen unbewussten Zwängen besteht, die seine Krankheit vorursachen. Die psychoanalytische Therapie fördert die Selbstreflexion des Kranken, die ihn schliesslich in die Lage versetzt, die eigene Lebensgeschichte zu rekonstruieren, unbewusste Motive zu durchschauen und vermeintliche Zwänge zu erkennen. In analoger Weise sei nun die Geschichte dazu aufgerufen, als Medium kollektiver Selbstreflexion und angeleitet durch den Historiker "pathologische" Entwicklungen der Gesellschaft auf ihre inzwischen vergessenen Ursachen in der Vergangenheit zurückzuführen und damit überwinden zu helfen, denn es "erleidet auch das kollektive Subjekt der gesellschaftlichen Geschichte Deformationen im Zuge gewaltsamer Entwicklungen herrschaftsbestimmter Gegenwart, deren Folgen irrationale Handlungsanleitungen sind" (Oelkers/Riemer 1974:110). Vielleicht tut man den Autoren mit der Vermutung wohl Unrecht, es sei ihre Absicht, sich selbst der Gesellschaft als Arzt anzudienen und diese damit implizit für geisteskrank zu erklären. Im Ernst kann aber wohl nicht behauptet werden, alle oder auch nur die wichtigsten Probleme der Menschheit seien durch Rückbesinnung auf vermeintliche historische Wurzeln zu kurieren.

I.10. Vergleich der Ansätze

Der geschichtstheoretische Standort der Historischen Sozialforschung lässt sich am besten im Vergleich mit den vorher beschriebenen Geschichtstheorien bestimmen (siehe Tabelle am Ende dieses Kapitels), wobei vier Dimensionen unterschieden werden: Erstens Ziele und Zwecke von Geschichtsschreibung und historischer Forschung; hier geht es um die bekannte Frage nach dem "Wozu" der Historie. Zweitens das Spektrum der favorisierten Methoden; drittens die Bedeutung von Theorien für die Historie, sowie viertens der geschichtsphilosophische Hintergrund.

Zweck Historischer Sozialforschung ist die Theoriebildung bzw. Theorieprüfung und die historische Grundlagenforschung, z.B. die Rekonstruktion demographischer Zeitreihen (vgl. II.4.). Das eine bedingt das andere, denn Historische Sozialforschung ist ohne einen Fundus an quantitativen Daten nicht zu betreiben, und umgekehrt motiviert das theoretische Interesse (z.B. am Zusammenhang zwischen Fertilität und Mobilität im 19. Jahrhundert) die Grundlagenforschung der historischen Demographie. Dabei ist der Hinweis auf den theoretischen Hintergrund Historischer Sozialforschung auch angesichts sehr strenger Kriterien als Ausweis ihrer Praxisrelevanz vollkommen ausreichend, denn Theorien sind das eigentliche Medium, das Wissen "informationsfreundlich" speichert und für Anwendungen verschiedener Art, z.B. zum

Zweck der Erklärung, verfügbar hält. Die Schule der Annales
hat sich ebenfalls die Theoriebildung zur Aufgabe gemacht,
versteht darunter aber eher eine umfassendere Theorie des
gesamten Geschichtsverlaufs; eine solche Theorie kann sie
zur Zeit noch nicht anbieten.

Damit unterscheidet sich die Historische Sozialforschung recht eindeutig von anderen Ansätzen: Während der
klassische Historismus noch jeden Gedanken an eine direkte
Praxisrelevanz ablehnte, sieht der Neohistorismus die
Aufgabe der Historie immerhin darin, den aktuellen
geschichtlichen Standort einer Gesellschaft zu bestimmen,
denn "dass es Geschichte gebe, dass wir in ihrem 'Bann'
leben, wird wohl niemand bestreiten wollen" (Koselleck
1976:21). Angesichts der Beschleunigung des sozialen und
politischen Wandels im letzten Viertel des 20. Jahrhunderts,
der die Gefahr eines vollkommenen Abreissens des Fadens
hermeneutischer Traditionsvermittlung heraufbeschwört,
stellt sich allerdings die Frage, ob solche Standortbestim-
mung noch sehr gefragt ist und ob diese, sollte sie gelingen, überhaupt Relevanz besitzt. Leben wir, wenn man an die
unzähligen Menschheitsprobleme von atomarer Proliferation
bis Umweltzerstörung denkt, nicht vielmehr im Banne einer
eher düsteren Zukunft?

Eher gering scheint auch der Spielraum für emanzipatorische Wirkungen historischer Aufklärung zu sein, wie sie
die Historische Sozialwissenschaft fordert; alle Gegenwartsprobleme lassen sich zwar mehr oder weniger plausibel auf
ihre historischen Wurzeln zurückführen, die meisten haben
aber inzwischen vollkommen neue Qualität, sodass Rückbesinnung dieser Art kaum viel bewegen dürfte. Geschichte kann
auch für Zweck der Identitätspräsentation eingesetzt werden,

wie dies die narrative Geschichtstheorie behauptet. Damit aber macht sich die Historie bewusst oder unbewusst selbst zum politischen Akteur. Politisches Engagement ist legitim, ja es kann sogar dringlich notwendig sein; sollte man aber nicht peinlich genau zwischen Wissenschaft und Politik unterscheiden? Gerade die marxistische Geschichtskonzeption wehrt sich gegen eine solche Trennung, und aus diesem Grund ist ihr mit Vorsicht zu begegnen.

Betreffend Methoden lässt sich im Vergleich der Geschichtstheorien untereinander eine klare Trennung zwischen historisch-hermeneutischen und empirisch-analytischen Verfahren ziehen; allein die Historische Sozialforschung bekennt sich ohne wenn und aber zu letzteren. Ein Sonderfall stellt die marxistische Geschichtstheorie dar. Da sie sich auf die Geschichtsphilosophie des Historischen Materialismus beruft und mit dieser eine Theorie des Geschichtsverlaufs zu besitzen glaubt, wird Geschichtswissenschaft im wesentlichen zu einer Frage der Auslegung und der Deutung, zur Hermeneutik im ursprünglichen Sinne des Begriffs also. Neohistorismus und Historische Sozialwissenschaft propagieren zwar die Integration historisch-hermeneutischer und empirisch-analytischer Verfahren, aber dies ist bis heute eher Postulat geblieben.

Ähnlich wie im Falle der Methoden lässt sich auch betreffend der Bedeutung von Theorien eine klare Trennungslinie zwischen den geschichtstheoretischen Konzepten ziehen: Während die einen sozialwissenschaftlichen Theorien bestenfalls eine Hilfsfunktion für den Historiker einzuräumen bereit sind, steht allein bei der Historischen Sozialforschung die Theorie im Mittelpunkt des Interesses; sie kann selbstverständlich auch dazu verwendet werden, im grösseren

Kontext die Stukturen und Entwicklung einer historischen Gesellschaft zu rekonstruieren, wie dies z.B. Kindlebergers (1984) Finanzgeschichte Westeuropas vorführt. Dabei betritt man wohl mitunter den Bereich der Spekulation; zu einem historisch-hermeneutischen Unternehmen wird dies damit aber nicht, denn Bezugssystem der Rekonstruktion ist im wesentlichen die Theorie und nicht die Lebenswelt des Wissenschaftlers (vgl. VI.).

Die Historische Sozialforschung verzichtet schliesslich auf jede Art geschichtsphilosophischer Spekulation, unterscheidet sich darin aber nicht wesentlich von den anderen geschichtstheoretischen Ansätzen (mit Ausnahme des Marxismus). Allenfalls finden sich einige sehr allgemeine Gedankengänge mit geschichtsphilosophischer Tendenz: So ging der klassische Historismus von einem Gesamtzusammenhang der Geschichte aus, unterstellt damit quasi eine umfassende Geschichte über jenen Geschichten, die der Historiker als Geschichtsschreibung präsentiert. Die analytische Geschichtsphilosophie schliesslich betont die prinzipielle Offenheit des Geschichtsverlaufs, während die Schule der Annales mit ihrer Theorie der historischen Zeiten ein Instrument entwickelt hat, zwischen historischen Strukturen und kurzlebigen Oberflächenphänomenen zu unterscheiden. Die Historische Sozialwissenschaft schliesslich geht von emanzipatorischen Tendenzen in der historischen Entwicklung aus und hofft, diese durch eigene Arbeit zu fördern.

Damit sind die Unterschiede und Gemeinsamkeiten zwischen den vorher beschriebenen 8 geschichtstheoretischen Ansätzen aufgezeigt. Die folgenden Kapitel befassen sich ausschliesslich mit der (quantitativen) Historischen Sozialforschung, ihren Arbeitsgebieten, Methoden und Datenquellen.

Die Frage nach den Grenzen und Entwicklungsmöglichkeiten dieses Ansatzes wird im Schlusskapitel aufgegriffen.

VERGLEICH VON 8 GESCHICHTSTHEORETISCHEN ANSÄTZEN

	Ziele und Zwecke	Methoden	Bedeutung von Theorien	Geschichtsphilosophischer Hintergrund
1. Historismus	keine direkte Praxisrelevanz	Sinnverstehen	keine	Geschichte über den Geschichten
2. Neohistorismus	Geschichte selbst ist Forschungsgegenstand	historisch-hermeneutischer Ansatz	erklären nicht-intentionale Sachverhalte	keiner
3. Narrative Geschichtstheorie	Identitätspräsentation	narrative Rekonstruktion	Geschichte ist nicht theoriefähig	keiner
4. Analytische Geschichtsphilosophie	Erklärung historischer Sachverhalte	Anwendung von "covering laws"	Element von Erklärungen	keiner, allenfalls "offene Gesellschaft"
5. Marxistische Geschichtskonzeption	Untermauerung und Präzisierung des Historischen Materialismus	Dialektik	Besitzt eine Theorie des Geschichtsverlaufs	Historischer Materialismus
6. Schule der Annales	Entwicklung einer umfassenden Theorie des Geschichtsverlaufs	Analyse von Zeitreihen	Fernziel historischer Forschung	Theorie historischer Zeit
7. Historische Sozialwissenschaft	"Aufweichung" historischer Strukturen Emanzipation	Kombination von hermeneutischen und soz. wiss. Methoden	Nutzt das sozialwissenschaftliche Theorieangebot	keiner, allenfalls Perspektiven der sozialen Emanzipation
8. Historische Sozialforschung	Theorieprüfung, historische Grundlagenforschung	Methoden der empirischen Sozialforschung	theoretische Wissenschaft	keiner

II. ANSÄTZE DER HISTORISCHEN SOZIALFORSCHUNG

II.1. Einleitung

Die Geschichte der Historischen Sozialforschung lässt sich wie jede Geschichte narrativ rekonstruieren, indem auf Ursprünge verwiesen und Ketten von Folgewirkungen entwickelt werden. Entstanden ist die Historische Sozialforschung in den USA, und zwar aus dem Unbehagen einiger Historiker am "impressionistischen" Arbeitsstil der meisten Vertreter der Disziplin heraus. Conrad und Meyer (1958) griffen in der Wirtschaftsgeschichte die alte Diskussion um die Profitabilität der Sklaverei in den Südstaaten der ante bellum-Zeit auf und gingen die Frage in einer Kombination von wirtschaftswissenschaftlicher Theorie und ökonometrischen Methoden an; damit war die Neue Wirtschaftsgeschichte oder Kliometrie (cliometrics) "geboren". Mit Bensons (1961) Untersuchung zur amerikanischen Innenpolitik der 1830er und 1840er Jahre (Jacksonian democracy), die in grösserem Umfang von Wahlstatistiken Gebrauch machte, wurde das Erfolgsrezept von Conrad und Meyer auf die politische Geschichte übertragen. In der Sozialgeschichte hatte bereits in den fünfziger Jahren die Forderung nach Verwendung quantitativen Datenmaterials längst keinen Innovationswert mehr; aber inzwischen haben im Bereich der Datengewinnung und Datenauswertung Fortschritte stattgefunden, die dazu berechtigen, von einer Neuen Sozialgeschichte zu sprechen. Später erst (1974) hat sich die Neue Stadtgeschichte in den USA etablieren können, wenn man das Erscheinen des Sammelbandes von Schnore (1974) als Entstehungsdatum akzeptiert.

In der Folge erschien eine ganze Serie von Sammelbänden, in denen die neuen quantitativen Ansätze propagiert wurden (Rowney/Graham 1969; Swierenga 1970; Aydelotte et. al. 1972; usw.), Spezialzeitschriften wurden gegründet (Journal of Social History; Journal of Interdisciplinary History; Historical Methods) und eine Organisation aufgebaut (die Social Science History Association). Der anfängliche "Methodenstreit" zwischen den "neuen" und "alten" Geschichten flaute schliesslich ab, sodass heute in den USA die Historische Sozialforschung als etablierte Disziplin gelten kann, die allerdings auch die herkömmliche Geschichtsforschung nicht hat in den Schatten verdrängen oder gar in toto übernehmen können, wie man anfänglich hoffte bzw. befürchtete. Die Historische Sozialforschung gilt in den USA zwar als einflussreich, sie ist aber interdisziplinär (vgl. VI.) und deshalb keine Konkurrenz für die etablierte Historie. Im deutschsprachigen Raum ist die Entwicklung der Historischen Sozialforschung mit der Arbeit der Kölner Vereinigung QUANTUM (Zentrum für Historische Sozialforschung) eng verbunden, die als "Clearinghouse" quantitativer Historischer Sozialforschung fungiert und in der Reihe "Historisch-sozialwissenschaftliche Forschung" (HSF, Klett-Cotta) die Arbeiten des Ansatzes dokumentiert. Anders als in den USA ist es der Historischen Sozialforschung im deutschsprachigen Raum aber nicht gelungen, die Entwicklung der Geschichtswissenschaft gesamthaft in grösserem Umfang zu beeinflussen. Auf die Gründe soll später noch verwiesen werden (vgl. VI.).

Die Historische Sozialforschung hat inzwischen also ihre eigene Wissenschaftsgeschichte, und von "neuen" Geschichten kann heute mit Berechtigung also nur noch gesprochen werden, wenn man unterstellt, dass 20 Jahre in historischer Perspektive tatsächlich eine kurze Zeit sind. Es fällt auch schwer, das "neu" zum Namensbestandteil zu machen, aber der amerikanischen Praxis und Auffassung folgend, für die "neu" und "gut" fast synonyme Begriffe darstellen, wird auch hier in der Folge von der Neuen Wirtschaftsgeschichte, der Neuen Politischen Geschichte, der Neuen Sozialgeschichte und der Neuen Stadtgeschichte zu berichten sein. Es erübrigt sich allerdings, dem auch noch das Adjektiv "quantitativ" beizufügen, denn dass Historische Sozialforschung sich möglichst auf quantitative Daten abstützt, ist inzwischen eine Selbstverständlichkeit.

Anzufügen bleibt noch, dass die quantitative und theoriegeleitete Analyse historischer Tatbestände selbstverständlich nur innovativ genannt zu werden verdient, wenn man analoge Forschung im Bereich der Sozialwissenschaften, teilweise bereits vom Beginn dieses Jahrhunderts, nicht berücksichtigt. Diese Arbeiten sind allerdings meist historisch-vergleichend und in ihrer Absicht eindeutig generalisierend, während die Neuen Geschichten meist noch ein genuin historisches Interesse am konkreten Fall auszeichnet. Beide Richtungen sind inzwischen jedoch kaum sinnvoll mehr auseinanderzudividieren, sodass man heute mit Recht insgesamt von einer Historischen Sozialforschung sprechen kann, die auch jene historisch-vergleichende Forschung umfasst, auf die zu Ende dieses Kapitels eingegangen werden soll.

II.2. Die Neue Wirtschaftsgeschichte

Die Neue Wirtschaftsgeschichte ist vor über 20 Jahren von Alfred Conrad und John Meyer initiiert worden, und zwar zunächst mit einem Methodenaufsatz (Conrad/Meyer 1957), dann aber auch mit einer beispielhaften (paradigmatischen) Forschungsleistung, die diese Bezeichnung mit Recht verdient, weil sie eine Forschungstradition begründen half. Der Erfolg des neuen Ansatzes der sich bald in Anlehnung an die Ökonometrie als Kliometrie (Cliometrics) bezeichnete, beruhte auf einem ganz speziellen "Rezept" oder einer Strategie des Vorgehens. Zwei Teile sind hierbei zu unterscheiden: Man suche sich, erstens, eine für das Geschichtsverständnis oder die Identität des eigenen Landes zentrale Annahme über Sachverhalte oder Vorgänge in der nicht allzu fernen Vergangenheit dieses Landes, die aus wissenschaftlicher Sicht fragwürdig ist.

Man unternehme dann, zweitens, den Versuch, diese Annahme zu falsifizieren, und zwar mit Hilfe möglichst harter, quantitativer Daten und harter Analysetechniken der Sozial- oder Wirtschaftswissenschaften. "Stimmen" beide Elemente dieser Strategie, d.h. gelingt es, in einer höchsten Ansprüchen an Wissenschaftlichkeit genügenden Weise einen zentralen Bestandteil des herrschenden Geschichtsbildes ins Wanken zu bringen, so ist dem Vorhaben Publizität und Erfolg im engeren wissenschaftlichen und im weiteren gesellschaftlichen Sinne gewiss: Nicht nur die Fachwelt horcht auf, auch die Medien interessieren sich; öffentliche Diskussionen folgen, interessante Kontakte bahnen sich an, der Finanzierung weiterer Forschungsarbeit im abgesteckten Rahmen stehen keine Hindernisse mehr im Wege, Gefolgschaft stellt sich ein, und Imitationen erscheinen auf dem wissenschaftlichen "Markt".

Auf eine ganze Serie von Forschungsarbeiten amerikanischer Historiker trifft dieses Muster zu. Conrad und Meyer konnten (1958) nachweisen, dass die Wirtschaftsform der Baumwoll-Plantagen in den Südstaaten der USA vor dem Bürgerkrieg durchaus profitabel war. Damit erschütterten sie eine tiefsitzende Lieblingsvorstellung der etablierten amerikanischen Historie, ja der amerikanischen Gesellschaft überhaupt: die von der Überlegenheit einer auf Gleichheit und Freiheit beruhenden Gesellschaft und mithin der Überlegenheit "freier" Arbeit gegenüber einer vermeintlich dekadenten Sklavenhalter-Gesellschaft und ihrer vollkommen überholten wirtschaftlichen Grundlage, einer Gesellschaft also, der man im Bürgerkrieg quasi in Vorwegnahme ihres natürlichen, baldigen Endes den verdienten Garaus gemacht hatte.

North (1961) wies nach, dass die Baumwollproduktion und der Handel zwischen den verschiedenen Regionen der Kolonien entgegen früheren Meinungen für das Wachstum der amerikanischen Wirtschaft eine wichtige Funktion besassen. Thomas (1965) zeigte, dass die britischen Seetransportbestimmungen (Navigation Acts) nicht lediglich als diskriminierend durch die Amerikaner empfunden wurden, sondern den amerikanischen Kolonien tatsächlich bedeutenden wirtschaftlichen Schaden zufügten und deshalb mit Recht zum Ursachenkomplex der amerikanischen Revolution gezählt werden können. In ähnlicher Weise wurde von Robert Fogel (1964) die Bedeutung der Eisenbahn für die industrielle Entwicklung Nordamerikas zurechtgerückt. War man bisher davon ausgegangen, dass der industrielle take-off der USA zu Ende des letzten Jahrhunderts primär der Verbindung des Mittelwestens mit dem Osten durch die Eisenbahn zu verdanken war, so behauptete Fogel das Gegenteil: Der Konstenvorteil, den die Eisenbahn gegenüber optimaler Auslastung des besten, alternativen Transportsystems (durch das Schiff) bot, belief sich nach

Fogels Berechnungen auf "nur" 5% des Bruttosozialprodukts. Der Schwachpunkt in Fogels Analyse war offensichtlich ihre Beschränkung auf die Transportkostensenkung, die durch den Bau der Eisenbahnen möglich wurde; sekundäre und tertitäre Effekte, namentlich die Beschleunigung des Wirtschafts- wachstums durch die steigende Nachfrage von Stahl und anderen Industriegüter infolge des Eisenbahnbaus, wurden nicht berücksichtigt. Fogels methodischer Ansatz (lineare Optimierung) wäre durch eine solche Fragestellung auch zweifellos überfordert gewesen.

Von seiner Wirkung her ohne Zweifel der wichtigste Schritt der Neuen Wirtschaftsgeschichte zu Anerkennung, ja Bewunderung und Bekanntheit über die Grenzen der Disziplin hinaus gelang Fogel und Engerman (1974) mit "Time on the Cross", einer zweibändigen Analyse des Wirtschafts- und Gesellschaftssystems der amerikanischen Südstaaten am Vor- abend des Bürgerkriegs, die konsequent die Arbeit von Conrad und Meyer mit minutiösem Quellenstudium und aufwendiger Datenerhebung fortsetzte. Zu den hauptsächlichen Resultaten zählten der nun auch am Beispiel einzelner Plantagenbetriebe untermauerte Nachweis, dass Baumwollanbau erstens auch in Zeiten sinkender Erlöse für diesen Rohstoff sehr wohl profitabel war, und dass zweitens der Anbau von Baumwolle auf grossen Plantagen mit Hilfe einer grossen Zahl schwarzer Sklaven rentabel organisiert werden konnte. Nebenbei gelang es den Autoren, auch einige sozialgeschichtlich interessante Details über die Lebensbedingungen auf den Plantagen des Südens zu erarbeiten, die betreffend Ernährung, Kleidung und Wohnverhältnissen offenbar mit denen der Bevölkerung in den Industrierevieren des Nordens durchaus vergleichbar waren, wenn man von den anderen und wichtigeren Unterschieden einmal absieht.

Den theoretischen Hintergrund der Neuen Wirtschaftsgeschichte liefert die neoklassische Wirtschaftstheorie. Sie
begreift den Wirtschaftsprozess als das Resultat des
rational kalkulierenden, individuellen Nutzen optimierenden
Entscheidungsverhaltens der an ihm beteiligten Personen auf
dem Markt. Die neoklassische Theorie erlaubt es, Hypothesen
zu entwickeln, mit deren Hilfe auch historische Vorgänge
erklärt werden können, wobei Gruppenverhalten durch
Rückgriff auf das Verhalten typischer Gruppenmitglieder in
ihrer Rolle als Produzent oder Konsument erklärt werden.
Dies unterscheidet die Neue Wirtschaftsgeschichte von
anderen wirtschaftsgeschichtlichen Ansätzen, d.h. der
herkömmlichen Wirtschaftsgeschichte, der marxistischen
Wirtschaftsgeschichte und auch der Schule der Annales.

Während die herkömmliche Wirtschaftsgeschichte
versucht, eine möglichst detailgetreue Beschreibung historischer Vorgänge zu liefern und dabei auch das Verhalten
einzelner, wichtiger Individuen aus deren Interessenlage
heraus erklärt, arbeitet die Neue Wirtschaftsgeschichte wie
die Nationalökonomie mit recht einfachen, formalen Modellen,
die anhand von Zeitreihen- oder Querschnittsdaten
statistisch überprüft werden. Die herkömmliche Wirtschaftsgeschichte dagegen verwendet quantitatives Quellenmaterial
vornehmlich zu Illustrationszwecken. Sie kommt selbstverständlich ebenfalls nicht ohne theoretische Annahmen aus,
aber diese bleiben in der Regel im Hintergrund, d.h. sie
werden meist nicht explizit gemacht oder gar diskutiert.

Die marxistische Wirtschaftsgeschichte hat ebenfalls
mit dem Weltsystemansatz Wallersteins und seiner Gruppe
neuerdings an Einfluss vor allem in den USA gewonnen; auch
dieser Ansatz macht seine theoretischen Annahmen explizit,

aber die Akteure seiner Theorie sind nicht Individuen, sondern Klassen. Aus marxistischer Sicht beschneiden die herrschenden Produktionsverhältnisse den Entscheidungs- spielraum des Einzelnen erheblich und beschränken seine Optionen auf triviale Fragen. Die marxistische Wirtschafts- geschichte hat zudem wenig Interesse an Entwicklung und Ausbau von Theorien, denn sie besitzt diese bereits in Gestalt des Historischen Materialismus. Sie hat ebenfalls kein grosses Interesse an der empirischen Überprüfung von Hypothesen, denn dies würde Zweifel an ihren Hypothesen voraussetzen, und diese sind eher gering entwickelt. Statt dessen arbeitet die marxistische Wirtschaftsgeschichte an einer umfassenden Rekonstruktion der weltwirtschaftlichen Entwicklung der Moderne. Dabei muss Geschichte zwangsläufig weitgehend auf Wirtschaftsgeschichte reduziert werden; aber die marxistische Wirtschaftsgeschichte ist ohnehin vor allem an den politischen Folgewirkungen wirtschaftlicher Vorgänge interessiert.

Die Schule der Annales hingegen versteht sich (vgl. I.8.) zwar ebenfalls als Wirtschaftsgeschichte, wird North (1977:191) zufolge aber inzwischen von ihren wichtig- sten Vertretern (Braudel, Le Roy Ladurie) bereits mehr als Kunst denn als Wissenschaft gepflegt. Zwar besteht weiterhin grosses Interesse an Daten und z.T. sind imponierende Datensammlungen zusammengetragen worden. Aber der theoretische Hintergrund der Schule der Annales ist weiterhin eher unterentwickelt - abgesehen von einigen geo- ökonomischen Determinismen, Reflexionen zur historischen Zeit und Anleihen beim Marxismus. Ökonometrische Vefahren der Datenanalyse kommen hingegen kaum zum Einsatz.

Insgesamt kann die Neue Wirtschaftsgeschichte einen befriedigenden Leistungsausweis vorlegen, wobei sich gerade ihre technische "Sophistication" wirkungsvoll vom impressionistischen Vorgehen der herkömmlichen Wirtschaftsgeschichte abhebt. So ermöglicht z.B. die Verwendung mathematischer Modelle auch Fragen nach dem "was wäre gewesen, wenn..." (counterfactual proposition), und zwar nicht bloss als freies Phantasieren über ungeschehene Geschichte (Demandt 1984), sondern exaktes Experimentieren mit mathematischen Modellen. Demandt (1984) ist hingegen in zwei Dingen durchaus zuzustimmen: Erstens hat die Frage nach der Breite des Möglichkeitshorizontes historischer Situation ihren kognitiven Wert, weil sie allein es erlaubt, die relative Bedeutung einzelner Handlungen und Entscheidungen abzuschätzen; und zweitens gilt noch immer, dass derartige Fragen nach alternativen Vergangenheiten den konventionell geschulten Historiker eher irritieren. Z.B. erlaubt sich Fischer (1971:17f) in seiner Zusammenfassung der Kontroverse um die Eisenbahn-Studie Fogels (1964) mit Blick auf Fogels kontrafaktische Analyse einer eisenbahnlosen amerikanischen Wirtschaft die ironische Schlussbewertung, hier sei Geschichte nicht nur im wörtlichen, sondern auch im übertragenen Sinne entgleist ("history derailed").

Da quantitative Wirtschaftsdaten aus der Zeit vor der Jahrhundertwende jedoch selten und/oder in ihrer Qualität mit den aktuellen Daten der Nationalökonomie nicht vergleichbar sind, hat auch die methodische Brillanz der Neuen Wirtschaftsgeschichte ihre natürlichen Grenzen. Aus diesem Grunde fällt es der Neuen Wirtschaftsgeschichte z.B. auch schwer, das Interesse der Nationalökonomie an den Resultaten der Neuen Wirtschaftsgeschichte zu wecken.

Aber auch andere Defizite sind inzwischen sichtbar geworden, von denen zwei besonders schwer wiegen: Erstens wurde bisher die Umsetzung wirtschaftsgeschichlicher Forschungsresultate in Geschichtsschreibung eher vernachlässig (North 1977:196). Beispiele wie North/Thomas (1973) mit ihrer Wirtschaftsgeschichte der westlichen Welt oder Kindleberger (1984) mit seiner europäischen Finanzgeschichte sind die Ausnahme von der "Regel", die besagt, dass die Kliometrie sich nicht auf das Glatteis historiographischer Spekulationen zu begeben habe. Zweitens sind inzwischen auch die Grenzen der neoklassischen Theorie für die Analyse wirtschaftsgeschichtlicher Fragen sehr deutlich geworden (folgend nach North 1977). Die neoklassische Wirtschaftstheorie stellt zwar ein ausserordentlich wirksames Instrument zur Analyse von Marktverhalten unter Vernachlässigung von Transaktionskosten dar; aber gerade diese sind oft das Interessante in der Wirtschaftsgeschichte. Noch nicht rezipiert sind die Ansätze der Neuen Politischen Ökonomie, die gerade die politischen Transaktionskosten in den Mittelpunkt ihrer Forschung stellen.

Transaktionskosten sind alle Nebenkosten von Austauschprozessen, z.B. die Kosten, die für die Aufrechterhaltung jener politischen Randbedingungen notwendig sind, unter denen sich überhaupt wirtschaftliche Tätigkeit entfalten kann. Die Entstehung von Wirtschaftssystemen steht und fällt jedoch mit der erfolgreichen Verminderung von Transaktionskosten; der Historiker muss diesen Aspekt in seine Analyse einbeziehen, wenn es um die Entwicklung von Volkswirtschaften über längere Zeiträume geht.

Die neoklassische Wirtschaftstheorie konzentriert sich auf das Funktionieren von Märkten, wobei ideale Randbedingungen unterstellt werden. Formen der Ressourcenallokation ausserhalb von Märkten (z.B. in Haushalten, Firmen, Gilden und Gewerkschaften), die oft historische Wirtschaftsformen stark kennzeichen, werden nicht erfasst. Die Wirtschaftsgeschichte muss sich ebenfalls mit der Frage befassen, wie solche funktionalen Äquivalente von Märkten entstehen, wie sie funktionieren, was sie beeinflusst, wenn diese das Bild einer historischen Wirtschaft bestimmen und nicht der Markt. Schliesslich hat die Neue Wirtschaftsgeschichte wenig Verständnis für Fragen wirtschaftlichen Wachstums gezeigt, denn dieses ist aus der Sicht der neoklassischen Wirtschaftstheorie Epiphänomen und zwangsläufig, wenn die Sparrate und die demographischen Randbedingungen "stimmen". Die sich nun abzeichnende historische Konjunkturforschung (vgl. Schröder/Spree 1980) scheint gerade hier anzusetzen.

Ein letzter, im wirtschaftsgeschichtlichen Kontext besonders spürbarer Mangel betrifft das Handlungsmodell von neoklassischer Wirtschaftstheorie und Public Choice-Ansatz. Diese unterstellen rational handelnde, Nutzen maximierende Individuen als Akteure des Wirtschaftsprozesses, deren Verhalten allenfalls zu Gruppenverhalten aggregiert wird (Schumacher 1984). Probleme hat dieser Ansatz jedoch mit Phänomenen wie altruistischem Verhalten (vgl. III.3.) und wirtschaftlichen oder politischen "Schwarzfahrern", also der Nutzung von (kollektiven) Gütern, ohne dass der entsprechende Preis entrichtet wird. Rückgriffe auf Weiterentwicklungen des Public Choice-Ansatzes, z.B. die Theorie der Kollektivgüter oder die Theorie kooperativen Verhaltens (Axelrod 1984) sind notwendig.

II.3. Die Neue Politische Geschichte

In den letzten Jahren ist, ebenfalls zunächst in den USA, eine Neue Politische Geschichte entstanden, die mit der herkömmlichen politischen Geschichtsschreibung nur noch sehr wenig Gemeinsamkeiten besitzt. Aufgabe der Neuen Politischen Geschichte ist es, ihrem Selbstverständnis als Teil der Sozialwissenschaften entsprechend, theoretisch fundierte und quantativ-empirisch abgesicherte Beschreibungen und Erklärungen der Entwicklung und Funktionsweise historischer politischer Systeme zu liefern. Konkret geht es darum (vgl. Bogue et. al. 1977:217), Beziehungen zwischen den verschiedenen Elementen politischer Systeme zu identifizieren und zu erklären, Beziehungen zwischen politischen Sytemen und ihren gesellschaftlichen Funktionen aufzudecken sowie politischen Wandel und seine Ursachen zu erklären und zu beschreiben. Im grossen und ganzen ist dieses Programm selbstverständlich noch Desiderat geblieben. Zudem beschränkt sich die Neue Politische Geschichte auf jene Bereiche der vorwiegend neueren Geschichte, zu der quantitatives Datenmaterial überhaupt vorliegt bzw. erhoben werden kann. Nur in Teilbereichen kann die Neue Politische Geschichte der USA z.B. bereits Resultate vorweisen und Erfolge verbuchen, und zwar wesentlich auf folgenden Gebieten: Erstens bei der Erklärung von Wahlverhalten, zweitens bei der Analyse struktureller Veränderungen in der Parteienlandschaft der USA und ihrer Wählerbasis, drittens mit Untersuchungen zum Abstimmungsverhalten in politischen Körperschaften (Kongress) und viertens mit kollektivbiographischen Elitenstudien. Im deutschsprachigen Bereich finden sich analoge Untersuchungen; ein Schwerpunkt ist darüber hinaus jedoch die Geschichte des Nationalsozialismus.

Bis heute sind zentrale Merkmale des politische Systems der USA seine zwei grossen Parteien, ihre bis in die neuere Zeit hinein über weite Strecken relativ stabile Wählerbasis und das Selbstverständnis der gewählten politischen Vertreter in Senat und Repräsentantenhaus, die im Wahlkampf zwar klar die Position ihrer jeweiligen Partei beziehen und Front gegenüber dem politischen Gegner machen, in ihrem Abstimmungsverhalten in den Parlamenten jedoch dann meist sehr eigene Wege gehen - ohne dass die Wählerschaft ihnen dies verübeln würde. Zur Erklärung dieser Phänomene hat die Neue Politische Geschichte nun in der Tat entscheidend beigetragen (vgl. Bogue et. al. 1977:203ff.). Verschiedentlich haben Historiker, Politologen und Soziologen darauf hingewiesen, dass diese Tatsache einer sicherlich mit den herkömmlichen Etiketten politisch-ideologischer Couleur wie "rechts" und "links" kaum zu erklärenden Bipolarisierung der amerikanischen Parteienlandschaft seit dem Beginn des letzten Jahrhunderts ethnisch-kulturelle, vor allem aber auch damit weitgehend parallel laufende religiöse Ursachen habe. Die Parteibindung weiter Kreise der amerikanischen Bevölkerung bis in die Gegenwart hinein, in gewisser Weise auch die Entstehung des Zweiparteiensystems in den USA, lässt sich demnach wie folgt erklären: Eher tolerante religiöse Gruppen präferierten die Demokratische Partei, eine eher passive Regierung und eine Politik, die Pluralismus toleriert. Eher unduldsame, pietistische Gruppen hingegen unterstützten die Republikanische Partei, weil sie in dieser ein Mittel zur Durchsetzung öffentlicher und privater Moral sahen (Bogue et. al. 1977:204).

Indem sie nun Aggregatdaten (meist für Wahlkreise) zu ethnisch-kulturellen Merkmalen und Stimmenanteilen der Parteien statistisch in Beziehung zueinander setzte, konnte die Neue Politische Geschichte diese Zusammenhänge erhärten, und zwar namentlich in Fallstudien zu jenen Gebieten, in denen die Unterschiede in Parteibindung und, damit zusammenhängend, Unterschiede im ethnisch-kulturellen und religiösen Hintergrund besonders markant in Erscheinung traten, also Mitte bis Ende des letzten Jahrhunderts z.B. im Industrierevier von Pittsburgh (Holt 1969) und in den Einwanderergebieten des Mittleren Westens (Luebke 1969; Kleppner 1970; Jensen 1971) sowie in dessen grossen Städten wie z.B. Chicago (Allswand 1971).

Analysen politischen Wandels boten diese Untersuchungen allerdings nicht. Sie waren weitgehend statisch, was insofern nicht verwundert, als man ja gerade die stabilen Merkmale amerikanischer Politik im Auge hatte und auf ebensolche stabilen Ursachenkomplexe gestossen war. Dennoch hat es auch im politischen System der USA entscheidenden Wandel gegeben, der in grossen Schüben mehr oder weniger regelmässig auch die Parteibindungen der Wählerschaft verschob. Dieses Phänomen der Neugruppierung (realignment) hat bereits früh das Interesse der amerikanischen Wahlforschung und der Neuen Politischen Geschichte gefunden und zu einer Theorie "kritischer" Wahlen und entsprechender Klassifizierung von Wahlen als "kritisch" bzw. "nicht kritisch" geführt, wobei zunächst aber die Frage nach den Ursachen einer Neugruppierung der Wählerschaft nicht gestellt wurde. Man vermutete diese weniger im Bereich der Politik selbst, sondern vielmehr in exogenen Entwicklungen (z.B. Wirtschaftskrisen).

Ein weiterer Schwerpunkt der Neuen Politischen Geschichte in den USA ist die Untersuchung parlamentarischen Abstimmungsverhaltens (vgl. Bogue 1980 und Silbey 1983 mit einer Übersicht zur Forschung). Die ersten Arbeiten dieser Richtung waren nach Einschätzung von Bogue et. al. (1977:209) allzu sehr auf empirische Details fixiert; es mangelte an theoretischer Perspektive und methodischem Instrumentarium. Man versuchte entweder, das Abstimmungs- verhalten von Kongress und Staaten-Parlamenten über längere Zeit hinweg (möglichst quantitativ) zu beschreiben, oder konzentrierte sich auf Detailfragen, etwa die Radical Republicans während des Bürgerkriegs (Silbey 1983:605). Es wurde z.B. nicht der Versuch unternommen, gesellschaftlichen Wandel im Abstimmungsverhalten des Kongresses nachzuweisen oder zumindest Trends in diesem aufzudecken.

Dies leistet hingegen die neuere Forschung. So kombinierten bereits Hall (1972) und Main (1973) Abstimmungs-Daten mit kollektivbiographischen Informationen und wiesen nach, dass die Parlamentarier der Konföderations- zeit zwei parteiähnliche Abstimmungsblocks bildeten, deren Orientierung (kosmopolitisch und offen einerseits, streng lokalpolitisch anderseits) eindeutig mit ihrer Herkunft kovariiert. Die gesamte folgende Abstimmungsforschung in den USA hat (auf der Ebene des Bundes und der Staaten) gezeigt, dass nach Herausbildung der Parteien kein Faktor das Abstim- mungsverhalten amerikanischer Parlamentarier in stärkerem Masse bestimmte als die Parteizugehörigkeit (Silbey 1983:609ff.). In ihrer Untersuchung des Abstimmungsver- haltens im Repräsentatenhaus von 1861 bis 1974 datieren Clubb und Traugott (1977) die uns heute gewohnte Lockerung der Parteidisziplin auf den Beginn dieses Jahrhunderts. Die Neugruppierung (realignment) der Parteien in der Folge sog. "kritischer" Wahlen hat seither zwar jeweils auch die Parteidisziplin gestärkt, aber dieser Effekt war immer nur von kurzer Dauer.

Neben der Parteizugehörigkeit haben auch sozialer, politischer und wirtschaftlicher Wandel das Abstimmungsverhalten amerikanischer Parlamentarier geprägt, ein Zusammenhang, den die Forschung nachweisen konnte, indem sie biographische Daten mit Abstimmungsdaten statistisch in Beziehung zueinander brachte. Donald (1956) zeigte bereits, dass die Führer der radikalen Anti-Sklaverei-Bewegung (abolistionists) in den 1830er Jahren offenbar nicht nur aus moralischer Empörung handelten, sondern gleichermassen auf soziale und wirtschaftliche Entwicklungen reagierten, die ihren sozialen Status bedrohten. Hofstadter (1965b) erklärte in ähnlicher Weise die "pseudo-konservative" Revolte der fünfziger Jahre dieses Jahrhunderts. Eine Fülle von Untersuchungen dieser Art folgten (vgl. Silbey 1983:616ff.), aber die Resultate sind nach Einschätzung von Bogue et. al. (1977:210f.) untereinander verglichen eher widersprüchlich. Einfache Modelle wie das der Statusangst, der zufolge die Furcht vor sozialem Abstieg politisches Verhalten motiviert, erklären zwar Teilbereiche; aber im Vergleich miteinander lassen sich die Forschungsresultate nicht konsistent deuten. Mögliche Ursache ist nach Bogue et. al. (1977) der Verzicht oder die Unfähigkeit, Resultate durch Berücksichtigung von Kontrollgruppen zu erhärten.

Der Grund mag darin liegen, dass jeweils Querschnitte von Parlamentariern, statistische "Momentaufnahmen" des Kongresses aus unterschiedlichen Epochen also, untersucht wurden (Silbey 1983:619). Selbstverständlich kann aber nicht unterstellt werden, dass Zusammenhänge zwischen Abstimmungsverhalten und biographischem Hintergrund über die Zeit hin stabil bleiben. Die Neue Politische Geschichte hat deshalb schon bald entsprechende Längsschnittstudien durchgeführt, die das Entstehen von Prinzipien und Normen der Kongress-

arbeit (Senioritätsprinzip, Rotation usw.), die Ausdifferenzierung von Funktionen, Professionalisierung, Karrieris-
mus, und ähnliche Phänomene in ihrer Entwicklung aufzeigen
(vgl. Polsby 1968, Polsby et.al. 1969, Price 1977, Fiorina
et. al. 1975). Das ehrgeizigste Projekt dieser Art ist ohne
Zweifel jenes von Bogue et. al. (1976) und Clubb/Traugott
(1977), das u.a. mit Daten aus dem biographischen Handbuch
des Kongresses Veränderungen in der Zusammensetzung des
Repräsentantenhauses für sehr lange Zeitabschnitte untersuchte (von 1789 bis 1960 bzw. 1861 bis 1974) und mit
dem Abstimmungsverhalten in derselben Zeit in Verbindung
setzte. Die Resultate überraschen hingegen nicht; es zeigte
sich aber, dass der Wandel in der Bevölkerung der USA sich
auch im sozialen, ethnischen und religiösen Hintergrund
der Parlamentarier und ihrem Abstimmungsverhalten nieder-
schlug und Repräsentativität mithin gegeben war.

Die Neue Politische Geschichte in den USA kann ohne
Zweifel auf beachtliche Erfolge ihrer Forschungsarbeit
verweisen; spektakuläre Revisionen der Geschichtsschreibung,
wie sie der Neuen Wirtschaftsgeschichte z.B. mit der
Untersuchung von Fogel und Engerman (1974) zur
Wirtschaftsgeschichte der Südstaaten gelungen sind, hat die
Neue Politische Geschichte hingegen nicht vorzuweisen. Ein
Grund mag sein, dass die Neue Politische Geschichte in der
Politischen Wissenschaft keine theoretische Basis besitzt,
die mit den Theorien der Ökonomie verglichen werden
könnte. Die Neue Politische Geschichte ist z.B. gezwungen,
über Motive und Einstellungen von Wählern und Parlamen-
tariern zu spekulieren; sie kann selten, wie die Neue
Wirtschaftsgeschichte, aus dem Kontext einer Theorie heraus
Hypothesen entwickeln und dann an empirischem Material
prüfen.

Zudem sind die wichtigsten Variablen der Neuen Politischen Geschichte, soweit es um Wahl- und Abstimmungsverhalten geht, nicht messbar. Man ist aus diesem Grund gezwungen, auf Indikatoren auszuweichen und muss z.B. die Verbreitung von Motiven und Einstellungen über die Mitgliederzahl reliöser oder ethnischer Gruppen erfassen (Bogue et. al. 1977:204ff.). Ob aber die formelle Mitgliedschaft in einer Glaubensgemeinschaft mit einer bestimmten Einstellung schlechthin bzw. ein Wahlresultat mit einer festen Bindung an eine bestimmte Partei gleichgesetzt werden darf, ist mehr als nur fraglich. Die Interpretation statistischer Resultate geht deshalb nicht selten weit über das hinaus, was datenmässig tatsächlich belegbar ist.

Die Neue Politische Geschichte im deutschsprachigen Raum hat sich mit analogen Fragen der eigenen Geschichte auseinandergesetzt; so untersucht z.B. Best (1980) Petitionen an die Frankfurter Nationalversammlung (1848/49) mit der Fragestellung, ob latente Konflikte zwischen bürgerlichen Schichten und Arbeiterschaft in der Folge der Revolution von 1848 ein gemeinsames Handeln verhinderten. Best zufolge stützt seine Untersuchung nicht die These, das Bürgertum sei aus Furcht vor dem wachsenden Einfluss der Arbeiterschaft in die Arme der Reaktion geflüchtet; vielmehr erreichten die schichtübergreifenden Petitionskampagnen gerade im November 1848 ihren Höhepunkt.

Ein Dauerthema namentlich deutscher Geschichtsforschung wird auch in Zukunft der Aufstieg und Niedergang des Dritten Reiches bleiben. Im grossen und ganzen ist die Geschicht des nationalsozialistischen Griffs nach der Macht zwar geschrieben (Bracher 1954), aber immer noch ungeklärt sind zahlreiche Detailprobleme, deren sich nun auch die Neue

Politische Geschichte angenommen hat (vgl. Mann 1979). Offen ist z.B. die Frage, ob in welchem Ausmass die Arbeitslosigkeit den Aufstieg des Nationalsozialismus begünstigt hat. Diesem Problem gingen Frey und Weck (1981) in einer technisch anspruchsvollen statistischen Analyse nach, die Wahlbeteiligung und Wahlresultat der verschiedenen Parteien (NSDAP, DNVP, KPD, DVP, Zentrum, DStP, SPD) in Zusammenhang mit konjunkturellen (Arbeitslosigkeit) und sozio-demographischen Faktoren (Anteil der Katholiken, der landwirtschaflich Erwerbstätigen und der Arbeiter an der Gesamtbevölkerung) bringt (vgl. IV.2.). Dabei zeigte sich nun, dass der Stimmenanteil der NSDAP tatsächlich zum grössten Teil mit der Arbeitslosenquote erklärt werden kann. Der statistischen Schätzung von Frei und Weck (1981:23f.) zufolge hätte die NSDAP die Marke von 23% der Stimmen im März 1933 nicht überschritten, wenn sich seit Juli 1932 die Wirtschaftskrise nicht mit einer Steigerung der Arbeitslosigkeit um 27.9% (von 14.4% auf 42.3%) verschärft hätte. Alle totalitären Parteien gemeinsam (NSDAP, DNVP und KPD) wären in diesem Falle im November 1932 auf nur 40% der Stimmen gekommen und im März 1933 auf 36% der Stimmen zurückgefallen.

II.4. Die Neue Sozialgeschichte: Historische Demographie,
      Familiengeschichte und Kollektivbiographie

Sozialgeschichte an sich ist nichts Neues; von einer Neuen Sozialgeschichte, die zunächst in den USA und Frankreich entstanden ist, kann jedoch mit einer gewissen Berechtigung gesprochen werden. Zwar sind Forschungsgebiete wie historische Demographie und Familiengeschichte nicht neu, und auch nicht erst neuerdings bedient sich die historische

Demographie z.B. quantitativer Verfahren; aber neue Methoden und neue Fragestellungen haben dieses Gebiet in den
letzten Jahren doch so stark verändert, dass es in einem
Überblick neuer Ansätze der Historischen Sozialforschung
nicht fehlen darf (vgl. Sharlin 1977 und Vinovskis 1977).

Gegenstand historischer Demographie ist die Bevölkerung
und ihre Entwicklung in der Geschichte. Methodisch
orientiert sich die historische Demographie an der demographischen Forschung und verwendet, soweit möglich, auch
deren analytische Techniken, die die gesamte Palette von
deskriptiver Statistik bis zur Konstruktion mathematischer
Modelle einer Bevölkerung umfasst. Bereits in der demographischen Forschung stellt die Gewinnung einer verlässlichen
Datenbasis ein grosses Problem dar, nicht nur in Entwick-
lungsländer-Studien; in der historischen Demographie poten-
zieren sich diese Schwierigkeiten naturgemäss. Die Fortschritte in der historischen Demographie betreffen nun
gerade den Bereich der Datengewinnung, wobei eine bessere
Datenbasis wiederum anspruchsvollere Verfahren der Datenanalyse und schliesslich auch die Untersuchung anspruchs-
vollerer Fragestellungen ermöglicht.

Im wesentlichen wurde auf drei Gebieten in der
historischen Demographie Fortschritte gemacht, die dazu
berechtigen, diese zur Neuen Sozialgeschichte zu zählen:
Erstens bei der Sicherung der Datenbasis hinsichtlich Verlässlichkeit und Gültigkeit (Validität); zweitens bei der
Datenbeschaffung durch intensive Auswertung des verfügbaren
Quellenmaterials, Kopplung von Material aus verschiedenen
Quellen (record linkage) und Erschliessung neuer Quellen-
gattungen; und drittens bei der Datenauswertung.

Die historisch-demographische Forschung benötigt zwangsläufig quantitatives Datenmaterial, was Probleme schafft. Volkszählungen wurden zwar verschiedentlich etwa seit Beginn des 15. Jahrhunderts durchgeführt, und Kirchen- bücher (parish registers) kamen in Europa bereits im sechzehnten und siebzehnten Jahrhundert in Gebrauch. Die Einführung des regulären staatlichen Zensus fand jedoch in Skandinavien und den USA erst in der zweiten Hälfte des 18. Jahrhunderts statt, im übrigen Europa etwa zu Beginn des 19. Jahrhunderts. Die historisch-demographische Forschung stützt sich nun bis dahin weitgehend auf Zensusdaten; sie verzich- tete in diesem Fall zwar auf die Möglichkeit, in Untersuchungen sehr viel weiter als bis zum Ende des 18. Jahrhundert zurückzugehen, nahm aber an, dass ein Zensus mehr und genaueres Material liefert als andere Quellen. Der Historiker ist es gewöhnt, Quellen aller Art mit einem gesunden Misstrauen zu begegnen und diese vor Verwendung auf ihre Tendenz, Genauigkeit und Repräsentativität kritisch zu hinterfragen. Quantitativem Datenmaterial, vor allem dann, wenn es von staatlicher Seite im Rahmen eines Zensus zusammengetragen wurde, haben Historiker in der Vergangen- heit jedoch oft ein allzu grosses Vertrauen entgegen gebracht; man hatte offenbar vergessen, dass auch diesem Material gegenüber die üblichen quellenkritischen Vorbehalte am Platz sind (Sharlin 1977:254f.).

Mit den bahnbrechenden Arbeiten von Henry (1968a und b) stehen inzwischen Verfahren zu Verfügung, durch Prüfung der inneren und äusseren Konsistenz von Zensusdaten deren Verlässlichkeit abzuschätzen. Der Anteil später erst erfasster, bei ihrer Geburt aber nicht registrierter Personen erlaubt z.B. bereits Rückschlüsse auf die Fehlerquote von Geburtenregistern. Da die Zusammenhänge zwischen den wichtigsten demographischen Grössen einigermassen feststehen, lassen sich auch bei Kenntnis einer Grösse bereits für andere zumindest Erwartungswerte festlegen; krasse Abweichungen von diesen weisen dann auf tendenzielle Fehler in den Daten hin. Beispielhaft, wenn auch mangels hinreichender Datenbasis meist kaum für andere Länder analog durchzuführen (Sharlin 1977:256), ist in dieser Hinsicht die Untersuchung von Van de Walle (1974), dem es mit Hilfe von Tests der genannten Art gelang, Unstimmigkeiten in den französischen Zensusdaten des 19. Jahrhunderts aufzudecken und durch Rekurs auf hinreichend bekannte Zusammenhänge zwischen verschiedenen demographischen Grössen die Entwicklung der weiblichen Bevölkerung Frankreichs im 19. Jahrhunder zu rekonstruieren.

Für die Berechnung ihrer zentralen Kennziffern (relative Zahl der Geburten, Mortalität usw.) benötigt die historische Demographie jedoch als Bezugsgrösse die Gesamtbevölkerung. Meist liefert der Zensus diese Angaben. Kirchenregister hingegen sind üblicherweise ausserordentlich lückenhaft und wenig verlässlich; aus diesem Grund war die Forschung, wenn sie derartige Kennziffern überhaupt für die Zeit vor etwa 1800 gewinnen wollte, auf Schätzungen der Gesamtbevölkerung angewiesen, z.B. über andere als demographische Grössen (Anzahl Herde, Steuerdaten usw.). Das ebenfalls von Henry und anderen in den sechziger Jahren entwickelte Verfahren der Familienrekonstruktion (family reconstruction) erlaubt es nun, zumindest lokal oder regional eine entsprechende Bezugsgrösse zu ermitteln. Der Grundgedanke des Verfahren der Familienrekonstruktion besteht, wie der Name schon andeutet, darin, mit Hilfe der vorhandenen Information über Geburten, Eheschliessungen und Begräbnisse möglichst viele Familien eines Ortes oder einer

Gegend für einen bestimmten Zeitraum mit allen Angehörigen zu erfassen und diese Gruppe als repräsentativen Querschnitt der Gesamtbevölkerung zu behandeln. Damit wird zwar bewusst darauf verzichtet, die Grösse einer Gesamtbevölkerung schätzungsweise zu berechnen, was zwangsläufig fehlerhaft wäre; für den rekonstruierten Teil der Bevölkerung lassen sich dann jedoch sehr genau alle demographischen Kennziffern berechnen, da man als Bezugsgrösse die Grösse der Stichprobe verwenden kann.

Das Verfahren hat allerdings drei mehr oder weniger gravierende Nachteile: Erstens können auch bei der Familienrekonstruktion Fehler, bedingt durch Mängel der Rohdaten, nicht ausgeschlossen werden. So ist für Untersuchungen über die Veränderungen von Mortalität und Fertilität einer Bevölkerung (vgl. die Beiträge in Lee 1977 und Tilly 1978a) die Kindersterblichkeit ein wichtiger Faktor. Die in der Familienrekonstruktion verwendeten Quellen registrieren das Kind jedoch meist erst anlässlich seiner Taufe, was bei hoher Säulingssterblichkeit zwangsläufig zu einer Dunkelziffer unregistrierter Geburten führt. Zweitens ist die durch Familienrekonstruktion gewonnene Datenbasis in der Regel vergleichsweise schmal; die Repräsentativität der Resultate ist aus diesem Grund meist fraglich. Drittens schliesslich ist Familienrekonstruktion ein ausserordentlich aufwendiges Verfahren, das rationell nicht ohne den Einsatz der elektronischen Datenverarbeitung auskommt.

Ein interessantes Anwendungsbeispiel der Familienrekonstruktion, das gerade den letzten Aspekt verdeutlicht, ist die Untersuchung von Byers (1982) zur Frage sinkender Fertilität (fertility transition) auf der südlich von Cape Cod gelegenen Insel Nantucket zwischen 1680 und 1840.

Sinkende Fertilität ist eine fast überall zu beobachtende
Begleiterscheinung von Industrialisierung und Moderni-
sierung. So wird der relativ frühe Rückgang der Fertilität
in den ländlichen Regionen des Nordostens der USA mit der
sukzessiven Verknappung des Ackerlandes erklärt: Die
Absicht, der nachfolgenden Generation eine hinreichende
wirtschaftliche Basis zu hinterlassen, also die Zerstücke-
lung des urbaren Landes durch Erbteilung zu vermeiden,
erforderte Familienplanung. Diese Erklärung lässt die Frage
des Fertilitätsrückgangs in Regionen, deren wirtschaftliche
Basis Handel und Gewerbe waren (wie z.B. Nantucket als
Walfang-, Schiffsbau- und Handelszentrum) vollkommen offen.
Byers (1982:20f.) fand in den Quellen zwar den Nachweis über
etwa 6000 Eheschliessungen zwischen 1680 und 1840, war aber
wegen Migration und Lücken in den Geburts- und Sterbe-
registern nur in der Lage, knapp 1900 Familien zu
"rekonstruieren". Alle Resultate der Untersuchung beziehen
sich somit nur auf den "rekonstruierten" Teil der Bevölkerung. Dabei zeigt sich für Nantucket, dass der
Fertilitätsrückgang paradoxer Weise mit dem wachsenden
Wohlstand Nantuckets kovariiert. Byers erklärt den Vorgang
mit einer Veränderung dessen, was im Rahmen der Annales-
Schule als "kollektive Mentalität" bezeichnet wird (Byers
1982:38): Mit der Ausbreitung und wachsenden wirtschaftlichen Bedeutung von Handel und Gewerbung habe sich die
Einstellung der Bevölkerung Nantuckets zum Leben schlechthin
gewandelt; Problembewusstsein und planendes Vorgehen habe,
wie im geschäftlichen Bereich so auch in familiären Dingen,
nach und nach Fatalismus, Improvisation und Passivität
ersetzt.

Demographische Daten   und Resultate, verknüpft mit zusätzlichem Datenmaterial   aus   anderen   Quellen,   ist inzwischen zum Ausgangspunkt weiterer Forschungschwerpunkte geworden, von   denen   die   Familien- und   biographische Geschichte die bedeutendsten sind. Wenn schon mit grossem Aufwand Familienrekonstruktion betrieben wird, so liegt in der Tat nichts näher, als die Familie nicht nur auf ihre demographischen Charakteristika zu untersuchen, sondern sie in ihren sozialen und wirtschaftlichen Kontext zu stellen. Genau dies ist das Ziel der Familiengeschichte. Hierbei sind vier unterschiedliche   Stossrichtungen der   Forschung zu unterscheiden (vgl. Vinovskis 1977:264): Die Untersuchung der Familien- und Haushaltsgrösse (household size) und deren Determinanten; der Vergleich von Generationen und ihren Merkmalen als Ansatzpunkte sozialen und wirtschaftlichen Wandels; die Untersuchung von Entwicklungszyklen innerhalb der Familie (family cycles); schliesslich die Untersuchung von Lebensläufen (Kollektivbiographie).

Bis heute findet man in Kreisen der Öffentlichkeit und der Wissenschaft noch die Vorstellung, erst in der Folge der Industrialisierung sei die Grossfamilie als übliche Form der Lebensgemeinschaft durch die Kernfamilie ersetzt worden, mit allen negativen Begleiterscheinungen, die man diesem Vorgang anzulasten versucht. Mit Vorweis auf geeignete literarische Quellen wird auch heute noch gerne der Mythos von der vermeintlich Geborgenheit stiftenden, präindustriellen Grossfamilie gepflegt. Diese und ähnliche romantische Ideen haben allerdings wohl mehr mit der weit verbreiteten Technikfeindlichkeit als den Fakten selbst zu tun. So hat die die "Cambridge Group for the History of Population and Social Structure" bereits zu Beginn der siebziger Jahre gezeigt, dass vom ausgehenden 16. Jahrhundert bis ins 19. Jahrhundert hinein in England Kernfamilien weit häufiger waren als Grossfamilien (vgl. die Beiträge in Laslett/Well 1972).

Kritik an diesem Befund war unschwer vorherzusagen; die seriöseren Einwände richten sich dabei vorwiegend auf zwei, wesentlich technische Schwierigkeiten bei der operationalen Definition der Familien- bzw. Haushaltsgrösse: Erstens ist die Zahl der Familienmitglieder keine statische Grösse; die Familie durchläuft vielmehr verschiedene Phasen, in deren Zusammenhang die Grösse der Familie schwankt. Zweitens wird auf die Bedeutung von Familienmitgliedern verwiesen, die aus den verschiedensten Gründen gezwungen sind, auswärts zu leben. Der erste Einwand betrifft eine echte Schwierigkeit, die sich nur durch feinere Messverfahren oder ein Ausweichen auf andere Indikatoren als jenen der durchschnittlichen Haushaltsgrösse vermeiden liesse, etwa phasenspezifische Haushaltsgrössen. Der zweite Einwand hingegen rechtfertigt kaum eine Revision der Hypothesen Lasletts und seiner Mitarbeiter, dass auch in vorindustrieller Zeit Kernfamilien häufiger als Grossfamilien waren; er zielt vielmehr auf die Ursachen dieses Tatbestandes (z.B. Mobilität) ab, die in der Tat noch nicht vollkommen geklärt sind (vgl. Laslett 1977).

Immerhin zeichnet sich ab, dass der Bestand der Grossfamilie je nach Einstellung und (Gewohnheits-)Recht wirtschaftliche Voraussetzungen hatte, die oft nicht gegeben waren. So zeigt Snydacker (1982) mit seiner Untersuchung von über 100 Testamenten aus York County (Pennsylvania) für die Zeit von 1749 bis 1820, dass beides, Reichtum und jeweils gültiges Gewohnheitsrecht, für den Bestand der Familie eine bedeutende Rolls spielten: Quäker konnten ihr Land beim Erbe aufteilen und verhinderten auf diese Weise, dass die Familie auseinandergerissen wurden. Presbyterianer, Lutheraner und Herrnhuter übergaben das Land meist ungeteilt an den ältesten Sohn mit der Folge relativ starker Mobilität um einen kleinen Kern sesshafter Landbesitzer in diesem Teil der Bevölkerung (Snydacker 1982:58).

Die vergleichende, quantitative Untersuchung des Generationenwechsels in der Geschichte ist eng mit der vielzitierten, inzwischen wohl klassischen Untersuchung von Greven (1970) über die ersten vier Generationen der Siedler von Andover verknüpft, einer kleinen Landgemeinde wenige Meilen nördlich Bostons gelegen. Über 100 Jahre nach der Ankunft der ersten Siedler in Andover sind die Bewohner zwar etabliert; das Land ist urbar gemacht und Wohlstand hat sich eingestellt. Der Rhythmus des Lebens in Andover wird dadurch jedoch nicht ruhiger, wie man annehmen sollte: Vielmehr lösen sich die Kinder früher aus dem Elternhaus, heiraten jünger und die Mobilität nimmt gewaltig zu. Verschiedentlich ist gegen Grevens Studie und ähnliche Untersuchungen eingewandt worden, dass der Vergleich von Generationen über eine Zeit von 150 Jahren hinweg keinen Sinn mache, wenn man diese operational wie bei Greven definiert: die zweite Generation besteht aus den Kindern der ersten, die dritte Generation besteht aus den Kindern der zweiten usw. So überlappen sich bei Greven in der Kohorte der zwischen 1705 und 1725 heiratenden Bewohner Andovers gleich drei Generationen (Vinovskis 1977:268). Sinnvoller wäre es gewesen, mit Alterskohorten als Untersuchungseinheit zu arbeiten.

Die Kritik an Laslett und Greven zeigt, dass ein diachroner Vergleich von Familien und ihren Merkmalen zu groben Resultaten führt, wenn nicht dafür gesorgt ist, dass die Fälle der Untersuchung tatsächlich vergleichbar sind, (d.h. Familien, die sich nach Entwicklung und wirtschaftlicher Lage in derselben Situation befinden), bzw. wenn es nicht gelingt, die Unterschiede zwischen ihnen als intervenierende Variablen zu fassen. Von der Datenlage her gesehen, bereitet beides jedoch in historischen Untersuchungen Schwierigkeiten (vgl. Vinovskis 1977:270ff.). Eine Lösung des Problems besteht nun aber darin, die Untersuchungseinheit zu wechseln, also von der Familie zur Einzelperson überzugehen und deren Erfahrungen zu vergleichen. Genau dies leistet die kollektivbiographische Forschung.

Die kollektivbiographische Forschung unterscheidet sich von der biographischen Geschichte sehr wesentlich, und zwar in dreierlei Hinsicht: Erstens untersucht sie nicht historisch bedeutende Einzelpersönlichkeiten, sondern "gewöhnliche" Menschen verschiedener Schichten. Zweitens wird nicht die Lebensgeschichte einer einzelnen Person untersucht, sondern die einer Gruppe von Menschen, z.B. einer Alterskohorte, meist auf der Basis einer Stichprobe. Und drittens wird nicht versucht, Lebensgeschichten narrativ zu rekonstruieren; vielmehr werden quantitative Verlaufsmerkmale von Lebensgeschichten erfasst und statistisch analysiert (vgl. Reuband 1980). Besonderes Interesse gilt hierbei der Frage sozialer Mobilität, die schliesslich zur Frage nach den Bildungschancen der verschiedenen Bevölkerungschichten präzisiert werden kann. Gerade hier hat die Neue Sozialgeschichte einen fruchtbaren neuen Ansatzpunkt gefunden (vgl. die Beiträge in Jarausch 1982 und die Übersicht bei Vinovskis 1983).

Die Anforderungen an das benötigte Quellenmaterial sind in der kollektivbiographischen und erziehungshistorischen Forschung natürlich ganz erheblich. Ideal sind biographische Nachschlagewerke, wie sie bereits im letzten Jahrhundert z.B. für Berufsgruppen angelegt wurden. Mitgliedsregister von Parteien eignen sich ebenfalls als Quellenbasis, wie Schröder (1980) in seiner Untersuchung der SPD-Reichstagskandidaten von 1898 bis 1912 zeigt. Kater (1976) wählte als Quellenbasis für seine Analyse des typischen NSDAP-Mitglieds das heute noch verfügbare Fragment der Mitgliederkartei dieser Partei, was Information über 9% der ehemaligen Parteimitglieder (etwa 4800 Personen) erbringt. Da Mitgliedskarteien keine Personalakten sind, erhält man allerdings nur eine "Momentaufnahme", kann also nicht die Entwicklung des NSDAP-Miglieds über die Zeit hin verfolgen. Personalakten der kaiserlich-russischen Beamtenschaft aus der Mitte des letzten Jahrhunderts untersuchte hingegen Pintner (1980). Die Masse der hier angesammelten Information ist im wahrsten Sinne des Wortes auch für den Historiker, der diese auszuwerten hat, überwältigend: Die Personalakte eines älteren Beamten des gehobenen Dienstes kann z.B. 40 bis 50 Foliantenseiten umfassen (Pintner 1980:227). Überhaupt dürften sog. prozess-produzierte Daten (Akten von Behörden, Unternehmen, Versicherungen, Pensionskassen usw.), eine Quellengattung, deren Auswertung in grossem Stil noch bevorsteht (vgl. V.4.), gerade für die Kollektivbiographie neue Perspektiven eröffnen. Mündliche Tradition (oral history) wird in zunehmendem Masse ebenfalls für kollektiv-biographische Zwecke verwendet; wegen der Verlässlich-keitsprobleme (vgl. Reuband 1980:159) sollte dieser Ansatz jedoch nicht überbewertet werden.

"Neu" an der Neuen Sozialgeschichte sind schliesslich vor allem die verwendeten Verfahren der Datenanalyse (vgl. unten Kapitel IV.). Während noch in den sechziger und frühen siebziger Jahren oft kaum aggregierte Rohdaten in Tabellenform interpretiert und im Text von Abhandlungen präsentiert wurden, haben nach und nach anspruchsvollere Methoden in die Sozialgeschichte Einzug gehalten. Darunter leidet entgegen vielen Befürchtungen meist noch nicht einmal die Allgemeinverständlichkeit. So ist es in der historischen Demographie inzwischen weitgehend üblich, Zeitreihen graphisch darzustellen. Auch komplizierte Sachverhalte der Kollektivbiographie lassen sich bei einigem Aufwand durch geeignete graphische Darstellungen transparent machen. Müller (1980) versucht z.B., soziale Mobilität (Sprünge auf einer Rangskala von Berufskategorien) für ganze Personengruppen augenfällig darzustellen: Auf der waagerechten Achse einer Graphik wird das Alter eingetragen, auf der senkrechten Achse die Berufskategorie in Rangfolge. Für jeden einzelnen Fall der Untersuchung wird nun in die Graphik die jeweilige "Lebenslinie" eingezeichnet. Aus der Lage der Kurvenbündel kann nun auf das Mass an Mobilität geschlossen werden: Vertikale Linien bezeichnen grosse Mobilität, horizontale Linien geringe Mobilität.

II.5. Die Neue Stadtgeschichte

Was Stadtforschung (urban research) ist, kann umfangslogisch nur sehr schwer bestimmt werden, weil sich ein grosser Teil sozialwissenschaftlicher Forschung teilweise oder ausschliesslich mit Phänomenen befasst, die in den Städten und oft auch nur dort anzutreffen sind - etwa verschiedene Formen sozialen Protests und Aufruhrs. Selbstverständlich gibt es Spezialdisziplinen wie z.B. die Stadtsoziologie (urban sociology), die genuin städtische Probleme unter- suchen (zur Entwicklung in den USA vgl. Frisbie 1980); verschiedentlich haben sich auch übergreifende sozialwis- senschaftliche Stadtforschungs-Schwerpunkte entwickelt, z.B. die sog. Chicago-School (vgl. Hunter 1980), die nicht ohne Grund gerade in der Metropole des Mittleren Westens der USA entstand. Dennoch gilt allgemein, dass sich Sozialforschung in sehr vielen Fällen zwar explizit mit städtischen Fragen befasst, die Stadt hierbei aber meist die Rolle des Umfelds spielt, nicht aber im Mittelpunkt steht. Stadtforschung im weitere Sinne des Begriffs ist also vieles; im engeren Sinne befasst sich aber nur eine relativ geringe Zahl von Spezialisten mit Fragen der Stadt, und auch hier dominieren Vielfalt und Interdisziplinarität. Es ist sicherlich kein Zufall, dass die erste grosse Computersimulation jener Art, die später zur Welt- und Globalmodellforschung führte, nämlich "Urban Dynamics" (Forrester 1969), eine Untersuchung der amerikanischen Stadt und ihrer Probleme zum Ziel hatte.

Ähnliches gilt für die Historie und die Stadt. Was zur Stadtgeschichte gezählt werden soll, ist auch hier eine Frage der Perspektive und des Ansatzes, d.h. ob definitorisch oder historisch vorgegangen wird. Defini- torisch und im strikten Sinne des Begriffs betrachtet, ist Stadtgeschichte eine relativ exklusive Disziplin; im weiteren Sinne, wenn man alle Sozial- und Wirt- schaftsgeschichte hinzurechnet, die sich mit städtischen Problemen auseinandersetzt, kann sehr vieles als Stadt- geschichte gelten (Sharpless/Warner 1977:225). Der Grund für die wissenschaftliche Popularität der Stadt ist offensichtlich: Die Stadt als Mikrokosmos, als "Auszug" der Gesellschaft, die alle ihre Probleme in verschärfter Weise enthält (Tilly 1974), eignet sich in hervorragender Weise dazu, einen Forschungsgegenstand nach Umfang (räumlich-zeitlich), thematischem Schwerpunkt und Ansatzhöhe der Untersuchung (level of analysis) abzugrenzen.

Die Stadt ist in der amerikanischen Sozial- und Wirtschaftsgeschicht somit zu einer Art "Vehikel" der Forschung und Geschichtsschreibung überhaupt geworden (vgl. Frisch 1970 und 1979; Schnore 1974a; Sharpless/Warner 1977; Hershberg 1978; Conzen 1983). Sie hat in den allermeisten Fällen zwar nur die bekannten Themen amerikanischer Historie wieder aufgegriffen (Unabhängigkeit, wirtschaftliche Entwicklung, Industrialisierung, Sklaverei, die Besiedelung des Westens, die Eingliederung verschiedener Wellen von Einwanderern usw.), aber im Kontext der Stadt neu beleuchtet, was neue Einsichten erbrachte. Wade (1959) zeigte, dass die Inbesitznahme des Westens der USA nicht nur eine Ausbreitung ländlicher Siedlungs- und Wirtschaftsformen war, sondern mit der Entstehung städtischer Zentren Hand in Hand ging. Allen (1966) und Dykstra (1968) verwiesen dabei auf die vielfältigen Dienstleistungen der "Cattle Towns", ohne die auch die ländliche Wirtschaft des Westens nicht funktionieren konnte. Wade (1964) hat als erster die Situation schwarzer Sklaven in den Städten des Südens untersucht; üblicherweise interessiert sich die Wirtschafts- und Sozialgeschichte der USA bekanntlich vor allem für die Situation der Sklaven auf und ihre wirtschaftliche Bedeutung für die grossen Baumwoll-Plantagen des Südens der ante bellum-Zeit; die Institution der Sklaverei ist jedoch nicht nur mit ländlichen Lebens- und agrarischen Wirtschaftsformen kompatibel, sondern auch mit städtischer Entwicklung (Golden 1974). Starobin (1969) weist schliesslich nach, dass Sklaven auch in der städtischen Industrie des Südens eine bedeutende

Rolle gespielt haben. Neuerliche Anstösse durch das Interesse an Stadtgeschichte erhielt auch das Studium der Assimilation oder Abkapselung der Einwanderer von Übersee und der Zuwanderer aus dem Süden in den Industriezentren des Nordens und Mittleren Westens; so entstanden eine Reihe von Studien, z.B. zum Schicksal der Italiener Chicagos (Nelli 1970) und die Entstehung der Ghettos am Beispiel Harlems (Osofsky 1966) und Chicagos (Spear 1967). Auch die im Laufe der sechziger Jahre zunehmend diskutierten Fragen von Stadtentwicklung und -sanierung gaben Anstoss zu historischer Betrachtung; so untersucht Scott (1969) die Geschichte der amerikanischen Stadtplanung, und Condit (1973/74) stellt die stürmische Entwicklung einer amerikanischen Grossstadt am Beispiel Chicagos dar.

Historisch betrachtet, entstand die Stadtgeschichte überall, also nicht nur in den USA, aus der Lokalgeschichtsschreibung (Sharpless/Warner 1977:222), die wiederum der Selbstdarstellung und Identitätsbildung der Städte diente und nicht in erster Linie wissenschaftlichem Interesse folgte. Das beginnende Interesse der Wissenschaft an der Stadt, namentlich das der Ökonomie, Sozialforschung und Historie, lässt sich für die USA hingegen recht exakt datieren: Der zehnjährig Zensus von 1920 zeigte, dass die Mehrheit der Amerikaner nun nicht mehr auf dem Lande, sondern in der Stadt lebte, d.h. in Ortschaften über 2'500 Einwohnern. Damit hatte die Stadt nicht nur die Aufmerksamkeit der Forschung für sich gewonnen; vielmehr liess sich sogar mit einiger Berechtigung argumentieren, dass die Stadt und ihre Entwicklung verstanden werden müsse, um die Entwicklung des Landes und seine Geschichte überhaupt zu   begreifen, wie dies Schlesinger in seinem Konzept einer stadtbezogenen Interpretation (urban interpretation) der Geschichte der USA forderte.

Für diese Betrachtungsweise gab es gute Gründe. Chicago z.B. war von etwa 10'000 Einwohnern im Jahr 1837 innerhalb von weniger als einem halben Jahrhundert zur Millionenstadt angewachsen und in der Zeit nach der Jahrhundertwende Zentrum des Fortschritts schlechthin geworden, auch in Technik und Wissenschaft, von der Architektur mit ihren Stahlskelett-Bauten bis zu den Sozial- und Wirtschaftswissenschaften der Universität Chicago, einem "instant Cambridge" (Hunter 1980:217), das 1892 mit dem Geld Rockefellers aus dem Boden gestampft worden war.

Die Zeit von etwa 1890 bis 1930 war nicht nur die Ära des Booms der Städte in den USA, namentlich im Mittleren Westen und an der Westküste, es war, fast zwangsläufig, auch das "goldene Zeitalter" (Lineberry 1980:304) der Stadtforschung. Denn das rasante Wirtschaftswachstum in den Städten sorgte dafür, dass ökonomische, politische und soziale Prozesse, die üblicherweise dauern, mit grossem Tempo abliefen und damit für die Wissenschaft quasi in teilnehmender Beobachtung erfahrbar wurden; die Stadt war zum gesellschaftlichen Experimentierfeld (Hunter 1980:219) geworden. Mit der üblichen Zeitverzögerung griff auch die Historie den Faden auf und die "Klassiker" der amerikanischen Stadtgeschichte entstanden (Sharpless/Warner 1977:222), so Schlesingers "Rise of the City" (1933 als Teil der 13-bändigen "History of American Life" erschienen) und Mumfords "Culture of the Cities" (1938). Es versteht sich, dass hierbei nicht nur der Fortschritt, sondern auch seine Kosten, die dunklen Seiten der rasanten Verstädterung, das Interesse der Forschung fanden.

Die Zeit des Krieges und die erste Nachkriegszeit sorgten für eine Pause in der Entwicklung der Stadtforschung in den USA. Begreiflicherweise drängten andere Themen in den Vordergrund. Schliesslich, in den späten fünfziger und sechziger Jahren mit der Krise der Grossstädte, erlebte die Stadtforschung neuerlich einen Aufschwung. Kontinuierlicher verlief hingegen die Entwicklung der Stadtgeschichte, deren wachsende Bedeutung von Beobachtern als vollkommener Triumph der Geschichtskonzeption Schlesingers (urban interpretation) bezeichnet wird. Schliesslich wurde auch die Stadtgeschichte von der "Quantifizierungswelle" erfasst und erhielt neue Impulse. Der von Schnore (1974) herausgegebene Band mit einer Serien von Beiträgen zur Neuen Stadtgeschichte zeigt, dass zwar die Methoden das Attribut "neu" verdienen, nicht aber die Fragestellungen und der theoretische Hintergrund. Ähnliches gilt auch für die Stadtgeschichte des deutschsprachigen Raums (vgl. auch Schröder 1979).

Stadtgeschichte ist interdisziplinär, was vor allem bei einem Blick auf ihren theoretischen Hintergrund deutlich wird. Aus der Geographie stammen Variablen wie Grösse und Siedlungstruktur; von der Ökonomie übernommen werden Preise, Löhne, Rendite, Steuern und ihr Wandel; von der Demographie die Kennzahlen der Bevölkerungsentwicklung; von der Soziologie Konzepte wie Status, Mobilität; von der Politischen Wissenschaft schliesslich Erklärungsmodelle zur Stadtpolitik. Es ist sicherlich kein Zufall, dass Robert Dahl (1961) der Frage nach den tatsächlichen Trägern politischen Einflusses ("who governs?") am Falle des

"Mikrokosmos" einer Kommune Neuenglands (New Haven, Connecticut) nachging und sein klassisches Pluralismusmodell der Demokratie entwickelte.

Stadtgeschichte hat es nun damit zu tun, diese Variablen in einen Zusammenhang zu bringen und zur Erklärung städtischen Wandels einzusetzen. Die in der Forschung anzutreffenden Erklärungsmodelle sind vielfältig, lassen sich aber, wie Sharpless/Warner (1977:225ff.) gezeigt haben, auf wesentlich zwei Varianten reduzieren: Die erste Variante von Erklärungsmodellen verweist auf exogene Variablen, die Entstehung und Wandel von Städten bestimmen; wichtigster Faktor hierbei ist ohne Zweifel die regionale und überregionale wirtschaftliche Entwicklung, denn Städte sind im wesentlichen Dienstleistungszentren. Diese Perspektive dominiert in der Forschung, weil sie sich auch für ein arbeitsteiliges Vorgehen eignet. Sie ist aber zweifellos theoretisch weniger anspruchsvoll als die zweite Variante. Hier wird die Stadt als geschlossenes System begriffen, das seine Entwicklung eigendynamisch erzeugt, allerdings auch seine Probleme. Namentlich vier Faktoren halten die städtische Welt in Bewegung bzw. verändern deren Umfeld: Bevölkerungszuwachs und -zuwanderung, wachsender Wohlstand oder Verarmung, technischer Wandel sowie Veränderungen in Transport- und Produktionskosten (Sharpless/Warner 1977: 228). Mit Forresters (1969) "Urban Dynamics" wurde erstmals der Versuch unternommen, diese Zusammenhänge in Form eines Computermodells darzustellen (vgl. IV.6.) und durch Modell-experimente Entwicklungsstrategien zu testen. Computer-modelle dieser Art basieren allerdings auf Gleichgewichts-konzepten und sind nicht in der Lage, Phänomene qualitativen (strukturellen) Wandels abzubilden. Evolutionsmodelle, wie sie Sharpless und Warner vorschlagen, sind ohne Zweifel eher geeignet, nachzuvollziehen, wie sich die Stadt und ihre Einwohner an veränderte Umweltbedingungen anpassen und welche weiteren Vorgänge diese Anpassungsprozesse auslösen.

Die Neue Stadtgeschichte ist etwas mehr als 10 Jahre jung, wenn man das Erscheinen des Sammelbandes von Schnore (1974) als Datum post quem akzeptiert, und die Entwicklungsmöglichkeiten des Ansatzes sind noch keinesfalls ausgeschöpft. Im Gegensatz zu anderen Bereichen der Historischen Sozialforschung kann die Neue Stadtgeschichte auch über Mangel an quantifizierbaren Quellen kaum klagen; Generationen von Historikern liessen sich mit der Sichtung dieses Materials beschäftigen, das in den Archiven der Städte nicht nur der USA angesammelt ist (Conzen 1983:675). Stadtgeschichte ist jedoch eine anspruchsvolle Disziplin, denn sie ist interdisziplinär; sie hat es mit sozialen, politischen und ökonomischen Vorgängen und den Wechselbeziehungen zwischen diesen zu tun und konkurriert aus diesem Grund mit allen anderen historischen Ansätzen, also der Neuen Wirtschaftsgeschichte, der Neuen Sozialgeschichte und der Neuen Politischen Geschichte. Die Zukunft der Neuen Stadtgeschichte wird davon abhängen, ob sie sich dieser Konkurrenz gewachsen zeigt.

II.6. Historisch-vergleichende Forschung

Historische Sozialforschung ist in der Regel in einem ganz banalen Sinn vergleichend: Jede statistische Analyse muss aus technischen Gründen mit mehreren Fällen arbeiten; deren Gemeinsamkeiten oder Unterschiede verwendet sie zur Berechnung statistischer Kennwerte, angefangen bei einfachen deskripten Statistiken wie z.B. Mittelwerten. Untersuchungseinheit solcher Forschung ist in der Regel die Einzelperson oder die einzelne Familie in Querschnittanalysen, Jahre in Längsschnittanalysen. Als historisch-vergleichende Forschung soll hier jedoch ein Ansatz bezeichnet werden, der sich von der üblichen Querschnitt- oder Längsschnittanalyse vor allem in einem Punkt unterscheidet: Die Untersuchungseinheiten sind höher aggregiert, komplexer und vor allem unkonventionell; es werden nämlich ganze historische Sachverhalte und Situationen miteinander verglichen. Dieser Ansatz steht in der Tradition von Bossuet, Vico, Buckle, Adams, Eisenstadt, Wittfogel und anderen; er versucht darüber hinaus aber, die Verfahren der empirischen Sozialwissenschaften auch für die historisch-vergleichende Forschung nutzbar zu machen. Technisch wird dabei wie in den herkömmlichen Querschnitt- oder Längsschnittuntersuchungen vorgegangen: Die Problemstellung der Untersuchung wird in Hypothesen über Zusammenhänge zwischen Variablen umgesetzt, die Variablen werden operationalisiert, d.h. nicht-messbare Variablen (soweit möglich und nötig) durch entsprechende Indikatoren ersetzt, und schliesslich werden für alle Fälle der Untersuchung die benötigten Daten gesammelt und ausgewertet, z.B. statistisch.

Vor allem mit zwei Themen hat sich die historischvergleichende Forschung befasst: mit Kriegen und mit innerstaatlichen Konflikten, also Bürgerkriegen, Revolten und Revolutionen. Pionier der quantitativen historischvergleichenden Forschung ist der Soziologe Sorokin (1937), der eine Fülle quantitativen Datenmaterials zu Kriegen, Bürgerkriegen und Revolutionen zusammengetragen und analysiert hat, allerdings unter Verzicht auf den Einsatz statistischer Verfahren. Ähnlich wie Sorokin haben Wright (1971) und Richardson (1960a und 1960b) systematisch Daten zu Kriegen und innerstaatlichen, bewaffneten Konflikten gesammelt, wobei Richardson aber dann im Gegensatz zu Sorokin und Wright den Versuch unternahm, in Form mathematischer Modelle die von ihm beobachteten Regelmässigkeiten darzustellen. Die moderne politologische Kriegsursachenforschung, soweit sie sich mit Rüstungswettläufen befasst, baut auf den Untersuchungen Richardsons auf, die erst durch Anatol Rapoport in den fünfziger Jahren bekannt gemacht und schliesslich publiziert wurden. Richardson konnte zeigen, dass der Rüstungswettlauf zwischen dem Deutschen Reich und Grossbritannien in der Zeit von der Jahrhundertwende bis zum Beginn des Ersten Weltkriegs ein exponentiales Wachstum der damit verbundenen Rüstungskosten erzeugte, das sich als simples System zweier linearer Differentialgleichungen darstellen lässt; er schloss daraus, dass die Verantwortlichen nicht mehr Herr ihrer Entscheidungen waren, sondern vielmehr die Statisten eines Dramas, das mit quasi mechanischer Präzision dem Krieg entgegen strebte. Vor allem Lambelet (1974, 1975, 1976) führte die Untersuchungen Richardsons zum deutsch-britischen Rüstungswettlauf (1905-1914) fort, und zwar am Spezialfall der Marinerüstung (Schlachtschiffbau), wobei viel Arbeit in den quantifizierenden Vergleich von Waffensystemen investiert werden musste. Das bislang umfangreichste historisch-vergleichende Forschungsunternehmen ist wohl das sog. Correlates-of-War-Projekt (COW) von Singer und seinen Mitarbeitern (Singer/Small 1972 und 1982), in dessen Zusammenhang Daten zu sämtlichen Kriegen seit dem Wiener Kongress zusammengetragen wurden.

Während Sorokin, Richardson, Wright und Singer/Small historische Zeitreihen auf Trends analysierten, haben Naroll et. al. (1974) den Versuch unternommen, grössere historische

Sachverhalte insgesamt miteinander zu vergleichen, und zwar zu dem Zweck, die Erfolgschancen militärischer Abschreckungsstrategie aus historischer Perspektive zu beurteilen. Dazu wurden etwa 20 Fälle ausgewählt (von der Han-Dynastie und ihren Auseinandersetzungen mit den Hunnen 125-116 v. Chr. bis zum Konflikt zwischen den reformierten und katholischen Kantonen innerhalb der Schweizerischen Eidgenossenschaft 1576-1585), deren Militärstrategie einerseits und Erfolg bzw. Misserfolg der entsprechenden Sicherheitspolitik anderseits erfasst und statistisch in Beziehung zueinander gesetzt. Naroll et. al. (1974) stellten fest, dass Abschreckung und die damit verbundenen Rüstungsanstrengungen in keinem Zusammenhang mit sicherheitspolitischem Erfolg stehen; dieses Resultat kann jedoch nicht ohne weiteres auf die nukleare Abschreckung des 20. Jahrhunderts übertragen werden, weil die mit der Strategie der gegenseitig gesicherten Vernichtungskapazität verknüpfte Drohung an den potentiellen Gegner von qualitativ anderer Art ist, als die Drohung mit konventioneller Vergeltung.

Vieles spricht dafür, dass die politologische Kriegsursachenforschung allzu intensiv nach den strukturellen Ursachen militärischer Konflikte Ausschau hält, dabei den Bereich der direkten Ursachen und Anlässe aber unterbewertet, weil sie den Entscheidungsspielraum der Akteure, dabei der Tradition Richardsons folgend, für eher gering hält. In einer historisch-vergleichenden Untersuchung verschiedener Formen des Kriegsbeginns, die auf dem Material von Singer/Small (1982) aufbaut, hat der Autor der vorliegenden Untersuchung (Ruloff 1985) gezeigt, dass Kriegsursachen, Kriegsbeginn und Kriegsverlauf in einem engen Zusammenhang stehen; so entstanden z.B. 32% der untersuchten

150 Kriege durch Eskalation, wobei es sich in der Mehrheit
der Fälle um Aufstände und Befreiungskriege mit Einmischung
dritter staatlicher Parteien handelte.

Pionierarbeit auf dem Gebiet der vergleichenden
quantitativen Forschung zu innerstaatlichen Konflikten und
Revolutionen hat Charles Tilly mit verschiedenen Längs-
schnitt- und Querschnittstudien geleistet (Tilly 1976, 1978,
1979) und mit seiner Mobilisierungstheorie der Revolution
(Tilly 1975) gleichzeitig vorgeführt, wie sich Resultate der
historisch-vergleichenden Forschung erfolgreich in die
Theoriediskussion einbringen lassen.

III. THEORIE UND GESCHICHTE

III.1. Einleitung

Zu Beginn des ersten Kapitels wurde zwischen drei Formen von Theorien unterschieden: Theorien über die Geschichte als Wissenschaft, also sog. Geschichtstheorien; Theorien über den gesamten Geschichtsverlauf, sog. Geschichtsphilosophien; und sozialwissenschaftliche Theorien zu konkreten Aspekten der Gesellschaft. Nur um letztere Art von Theorien geht es in diesem Kapitel.

Allgemeine Aufgabe der Sozialwissenschaften ist nach fast einhelliger Meinung der Wissenschaft die Theoriebildung und -prüfung. Die Historie dagegen hat nun grundsätzlich vier Möglichkeiten des Umgangs mit Theorien dieser Art: Sie kann vollkommen auf die Verwendung sozialwissenschaftlicher Theorien verzichten; sie kann, zweitens, dem Theorieangebot der Sozialwissenschaften gegenüber als (kritischer) Konsument auftreten, deren Angebot für eigene Zwecke nutzen und es den eigenen Bedürfnissen allenfalls auch anpassen - diese Stossrichtung verfolgt die Historische Sozialwissenschaft der Gruppe um Wehler; die Historie kann, drittens, den Versuch unternehmen, genuin historische Theorien zu entwickeln, z.B. eine Theorie der ante bellum-Südstaatenwirtschaft und ihrer Funktionsweise (vgl. Fogel/Engerman 1974), eine Theorie der französischen Revolution oder eine Theorie des Faschismus. Schliesslich kann sich die Historie jedoch auch, viertens, an der Theoriebildung der Sozialwissenschaften beteiligen, bzw. die Sozialwissenschaften können für ihre Zwecke historisches Material verwenden. Die Varianten drei und vier laufen auf den interdisizplinären Ansatz der Historischen Sozialforschung hinaus.

Wie der vorausgehende Überblick gezeigt hat, findet sich in der Historischen Sozialforschung das gesamte Spektrum gesellschaftswissenschaftlicher Theorien vertreten, sei es, dass Historiker Theorien aufgreifen, sei es, dass die Sozialwissenschaft historisches Daten- und Quellenmaterial auswertet: Die Neue Wirtschaftgeschichte stützt sich vor allem auf die sog. neoklassische Wirtschaftstheorie. Die Neue Sozialgeschichte benutzt demographische Theorien z.B. für die Beurteilung der Validitäten historischer Bevölkerungsdaten; da die Zusammenhänge zwischen demographischen Kennwerten einigermassen bekannt sind, lässt sich leicht beurteilen, ob etwa eine hohe durchschnittliche Lebenserwartung "realistisch" ist oder auf allfällige Fehler in den Daten zurückgeführt werden muss. Die Familiengeschichte und die kollektivbiographische Forschung verwendet Theorien sozialer Bewegungen und kollektiven Verhaltens, Theorien der Schichtung und Mobilität. Die Neue Stadtgeschichte hat sich in enger Verbindung zur Stadtsoziologie entwickelt. Vergleichende historische Forschung macht ohne theoretischen Hintergrund keinen Sinn. Alle Kritik an der empirischen Sozialforschung, wie sie z.B. der Methodenstreit der deutschen Soziologie in den sechziger Jahren und die "grand debates" in den USA formuliert haben, trifft damit selbstverständlich auch die Historische Sozialforschung; aber diese Auseinandersetzungen sind längst Wissenschaftsgeschichte.

Sozialwissenschaftliche Theorien unterscheiden sich von naturwissenschaftlichen Theorien jedoch grundsätzlich, denn sie können keine räumlich-zeitliche Invarianz beanspruchen; die Theorien des Faschismus z.B. beziehen sich auf einige wenige historische Fälle (vgl. Nolte 1967). Zudem steht es dem Menschen frei, sich und seine Meinung zu ändern, sich also anders zu verhalten, als die Theorie dies "vorschreibt". Aber die These von der Willensfreiheit des Menschen lässt sich kaum als Argument gegen die Theorien der empirischen Sozialforschung verwerten. Denn der Einzelne mag sich sehr wohl aus purer Unvernunft oder einfach aus einer Laune heraus entgegen theoretischen Erwartungen verhalten; die Theorie gerät aber erst dann in Gefahr, wenn alle oder zumindest die meisten der Theorie zuwider handeln. Mehr oder weniger starke Regelmässigkeiten prägen das Bild in allen Bereichen der empirischen und Historischen Sozialforschung. Auf statistischem bzw. vergleichendem Wege lassen sich diese Regelmässigkeiten auch im historischen Bereich aufdecken, zu Hypothesen umformen und allenfalls auch zu Theorien verdichten.

III.2. Theorien der sozialen Evolution: Das "eigentliche"
       Theorieangebot der Sozialwissenschaften an die
       Geschichte?

Es ist selbstverständlich nicht möglich, an dieser Stelle einen auch nur oberflächlichen Überblick zum Theorieangebot der verschiedenen Sozialwissenschaften zu geben, das prinzipiell dem Historiker zur Nutzung zur Verfügung steht; dies besorgen eine Fülle von Handbüchern und Enzyklopädien (z.B. die berühmte mehrbändige International Encyclopedia of the Social Sciences). Dem Historiker steht es frei, sich hier zu "bedienen". Ohne Frage anspruchsvoller ist aber die Aufgabe, als Historiker selbst seinen Teil zum theoretischen Wissen beizutragen, also von der Konsumenten- auf die Produzentenseite zu wechseln, wie dies die Historische Sozialforschung propagiert und praktiziert.

Niklas Luhman hat vor einiger Zeit noch einen weiteren Vorschlag unterbreitet, wie die Historie sich der Theorie nähern könnte. Nach Luhman sparen jene drei der oben genannten vier möglichen Einstellungen der Historie zur Theorie, die man "positiv" nennen könnte, immer noch das "eigentliche Theorieangebot der Soziologie für die Geschichte" (Luhmann 1976a:284) aus. Dabei handelt es sich Luhmann zufolge um die Theorien der sozio-kulturellen Evolution.

Das Rad muss nicht ständig neu erfunden werden; es reicht aus, neue Anwendungsgebiete des Rades zu entdecken. Ähnlich verhält es sich mit dem wissenschaftlichen Fortschritt. Auch hier lohnt es mitunter, das theoretische Gedankengut einer Disziplin als Paradigma auf andere Disziplinen zu übertragen. So hat es sich als ausserordentlich nützlich erwiesen, Prinzipien der biologischen Evolutionstheorie zur Erklärung sozio-kultureller Entwicklungen heranzuziehen und auf diese Weise die Schwierigkeiten mit Prozesstheorien in diesem Bereich zu überwinden.

Darwins geniale Theorie der Evolution ist wie jede gute Theorie sehr einfach. Sie enthält im Grunde nur vier allgemeine Hypothesen: Erstens entstehen nach Darwin ständig neue Formen des Lebens, und diese neuen Arten entwickeln sich, zweitens, aus älteren Arten. Dies geschieht, drittens, durch Wettbewerb und natürliche Auslese. Voraussetzung für eine derartige Auslese ist, viertens, dass ein hinreichendes Mass an Formenvielfalt (requisite variety) ständig aufrecht erhalten wird. Heute weiss man, dass jene neuen Formen, die in Konkurrenz mit den alten um Lebens- und Überlebenschancen in Wettbewerb stehen, durch Mutation erzeugt werden, also durch zufällige Veränderungen in Teilen des Erbmaterials.

Die Verwendung des Paradigmas der biologischen Evolution zur Erklärung sozio-kultureller Entwicklung darf selbstverständlich   nicht mit Sozialdarwinismus verwechselt werden, einer Rechtfertigungs- und Irrlehre ursprünglich amerikanischer Provenienz, die heute nur mehr noch ideen- geschichtlich von einigem Interesse ist. Der Sozialdar- winismus sah in der Auseinandersetzung zwischen Gruppen und Klassen ein Phänomen der natürlichen Auslese, also der Selektion der physisch Lebenstüchtigsten, und lehnte mithin alle staatlichen Versuche, soziale Probleme zu beseitigen, als Verfälschung vermeintlich natürlicher Vorgänge ab. Dabei ignorierte der Sozialdarwinismus die Tatsache, dass im Humanbereich kulturelle Einflüsse alle Auslese- und Siebungsvorgänge durchdringen   und die rein biologische Selektion in den Hintergrund drängen bzw. dieser sogar entgegen laufen.   Auf diesen Punkt hatten bereits die Kritiker   des   frühen   Sozialdarwinismus   ·   entschieden verwiesen. So zeigt eine Karikatur aus dem Jahre 1871 den senilen Darwin in eher ungünstiger Pose und gibt der Darstellung den ironischen Titel "natürliche Selektion". Die Bezeichnung "Sozialdarwinismus" tut Darwin freilich Unrecht, denn diese Irrlehre geht nicht auf Darwin selbst, sondern auf amerikanische Soziologen und Philosophen, vor allem Herber Spencer, zurück, die von Malthus beeinflusst waren.

Das   Paradigma   der   sozio-kulturellen   Evolution
unternimmt selbstverständlich nicht den Versuch, sozio-
kulturelle   Entwicklung   in   biologischer   Perspektive   zu
deuten; es geht vielmehr um die Logik der Evolution, die auf
den sozialen Bereich übertragen wird. Dies hat gerade auch
für Historiker, die an sich Theorien und Kausalerklärungen
skeptisch gegenüber stehen, einige Attraktivität: Evolution
ist   kein   gesetzmässig   ablaufender   Kausalprozess;   die
Geschichte wird   also   nicht als Serie von Ereignissen
dargestellt werden, in der ein Glied der Kette kausal-
genetisch aus   dem vorherigen abgeleitet werden könnte
(Luhmann 1976a:285). Zudem nimmt die Evolutionstheorie nicht
für sich in Anspruch, historische Zustände im herkömmlichen
Sinne (d.h. deduktiv-nomolgisch, also durch Verweis auf
"covering laws"; vgl. Kapitel I.6.) zu erklären oder gar
zukünftige Zustände zu prognostizieren. Sie kann nur ex post
zeigen, warum bestimmte Veränderungen einer Gesellschaft
möglich waren, und sie kann entsprechend (als Ersatz für
Prognosen) auch dazu dienen, den Bereich möglicher Zukünfte
abzutasten. Die Theorie der sozio-kulturellen Evolution geht
ferner von der Singularität historischer Sachverhalte aus
und ist also nicht, wie beispielsweise die vergleichend-
historische Forschung, darauf angewiesen, diese als Elemente
einer allgemeinen Klasse aufzufassen und damit die singulären Merkmale statistisch zu neutralisieren, so als ob es
nicht darauf ankäme (vgl. Luhmann 1976a:285, Anm. 8.).

Die folgende Darstellung kann selbstverständlich keinen
erschöpfende Überblick der Theorien sozio-kultureller
Evolution geben; der Platz dazu reicht nicht aus, und dies
ist auch nicht die Aufgabe, um die es in diesem Zusammenhang
geht. Einige Hinweise müssen genügen. Zentrale Begriffe der
Evolutionstheorie, soweit dies die Funktionen eines (biolo-

gischen oder sozialen) Systems betrifft, das Evolution durchlebt, sind: Differenzierung, Selektivität und Variation. Differenzierung bezeichnet in der Biologie jenen "Mechanismus", durch den ursprünglich vollkommen identische Zellen auf unterschiedliche Entwicklungswege gesetzt werden und sich spezialisieren. Übertragen auf die Gesellschaft geht es also um die Fähigkeit sozialer Systeme, arbeitsteilige Strukturen aufzubauen und deren Funktionen klar voneinander zu trennen. Selektion ist die Fähigkeit, aktiv zwischen Struktur- oder Verhaltensvarianten auszuwählen; in der natürlichen Selektion geschieht dies durch den selektiven Druck der Umwelt. Variation ist die Erzeugung funktional äquivalenter Strukturen oder Verhaltensweisen, zwischen denen ausgewählt werden kann. Luhman (1976a:286) zufolge hätte eine Theorie der sozio-kulturellen Evolution zu zeigen, wie und welche Gesellschaftssysteme in der Lage sind, diese Mechanismen zwecks eigener Entwicklung, Stabilisierung und Ausbreitung einzusetzen, bzw. auf welche "Fehler" hierbei die Probleme bestimmter Gesellschaftssysteme zurückzuführen sind.

Bis dahin ist noch ein weiter Weg. Immerhin ist es gelungen, z.B. sog. Universalien der sozio-kulturellen Evolution zu bestimmen, also Stationen der Entwicklungspfade, die zur modernen Industriegesellschaft führen (Parsons 1964). Dazu gehört z.B.: die Ausdifferenzierung eines Systems sozialer Schichtung, das Möglichkeiten zur Spezialisierung und Zentralisierung eröffnet; Systeme kultureller Legitimation; bürokratische Organisation; Geld- und Marktmechanismen; Systeme allgemeiner universalistischer Normen; demokratische Formen der politischen Partizipation. Eine zwangsläufige Abfolge bei der Ausdifferenzierung funktionaler Zentralperspektiven der gerade aufgeführten Art scheint nicht zu existieren (Luhmann 1976:291); dennoch lässt Art und Abfolge der Differenzierung funktionsspezifischer Subsysteme ohne Zweifel Schlüsse auf die weiteren Entwicklungschancen und Probleme einer Gesellschaft zu. So zeigt Wittfogel (1977), dass die Entstehung staatlicher Bürokratien in den Hochkulturen zwar funktionalen Erfordernissen entsprach (denen der grossräumigen Organisation der Bewässerung), aber die weitere Entwicklung dieser sog. "hydraulischen" (Wittfogel) Gesellschaften eher behinderte. Für den Historiker bieten sich im Rahmen der Theorie soziokultureller Evolution eine Fülle von Ansatzpunkten für empirische Arbeit, z.B. die Suche nach universalen Verlaufsstrukturen (Maier 1973).

III.3. Soziobiologie

Spencer ist tot - mit dieser Bemerkung hat Talcott Parsons, der Begründer der funktionalistischen Makrosoziologie, einmal Evolutionskonzepte in den Sozialwissenschaften quittiert; Parsons war sich später selbst nicht mehr sicher, ob er mit dieser Meinung recht hatte und publizierte ebenfalls einige Arbeiten über soziale Evolution (siehe oben). Inzwischen ist die Evolutionstheorie in Form der Mitte der siebziger Jahr entstandenen Soziobiologie jedoch auf ganzer Front im Vormarsch und hat einen Einfluss auf die Sozialwissenschaften gewonnen, wie ihn Parsons wohl kaum für möglich gehalten hätte. In einer Entgegnung zum oben bereits zitierten Aufsatz Luhmanns (1976a) hat Jürgen Habermas (1976a) empfohlen, den Historischen Materialismus, die marxistische Geschichtsphilosphie also (vgl. Kapitel I.7.), als Theorie der historischen Evolution zu rekonstruieren. Dieser Vorschlag geht insofern noch über jenen Luhmanns und alle Theorien der sozio-kulturellen Evolution, z.B. jene Parsons, hinaus, weil er nicht nur die biologische Theorie der Evolution als Paradigma und Muster analoger Erklärung sozio-kultureller Entwicklung empfiehlt. Vielmehr sollte nach Habermas (1976a und 1976b) biologische und sozio-kulturelle Evolution als verschiedene Phasen derselben Sache begriffen werden: Nachdem die erstere zum Stillstand gekommen sei, habe die letztere, die sozio-kulturelle Entwicklung des Menschen, gerade erst richtig begonnen. Geschichte müsse somit als Fortsetzung der biologischen Evolution im sozio-kulturellen Umfeld begriffen werden.

Damit zeichnet sich bei Habermas wieder die Perspektive einer Theorie des gesamten Geschichtsverlaufs ab, also die Möglichkeit von Geschichtsphilosophie. Die zu Mitte der siebziger Jahren in den USA entstandene Soziobiologie geht nun noch einen Schritt weiter und propagiert die Einheit von biologischer und sozio-kultureller Evolution, ja sie diskutiert schliesslich vollkommen unbefangen und mit beiläufiger Würdigung des Historischen Materialismus (Lumsden/Wilson 1981:354f.) zudem die Konsequenzen ihrer Theorie für Sozialwissenschaften und Geschichte. Sollten sich die Hypothesen der Soziobiologie bewahrheiten, so wäre dies nichts weniger als das come back der Geschichtsphilosphie. Die Historie hat deshalb, vielleicht noch mehr als die Sozialwissenschaften, allen Grund, sich mit der Soziobiologie zu befassen.

Die Soziobiologie untersucht die biologischen Grundlagen sozialen Verhaltens (Lumsden/Wilson 1983:170), und zwar durch Anwendung der Theorien der biologischen Evolution auf Probleme der Sozialwissenschaften und Geschichte. Die Soziobiolgogie der ersten "Welle" in den späten siebziger Jahren (Lumsden/Wilson 1983:170: "conventional sociobiology") versuchte zunächst, soziales Verhalten auf seine genetischen Ursachen zurückzuführen, indem man nachwies, dass unter besonderen Umweltbedingungen das entsprechende Verhalten den jeweiligen Umweltverhältnissen angepasst ist und damit jenen, die dieses Verhaltensmerkmal besitzen, Lebens- und im Extremfall auch Überlebenschancen sichert. Während die Theorien der sozialen Evolution das Entstehen und Verschwinden sozialer Strukturen analog zur biologischen (genetischen) Evolution erklären, d.h. auf ähnliche Mechanismen der Erzeugung von Formenvielfalt und Selektion unter dieser verweisen, ist für die "konventionelle" Soziobiologie die soziale Evolution nicht nur Modell oder Fortsetzung der genetischen Evolution im sozialen Umfeld, sondern dieselbe Sache wie diese.

Die Entstehung der Soziobiologie, also die Anwendung biologischer Methoden und Entwicklungstheorien auf Fragen der sozio-kulturellen Entwicklung, verdankt sich eigentümlicher Weise nicht etwa den Vorzügen, sondern den Mängeln der Evolutionstheorie. Man war auf einige wichtige Fragen gestossen, die bislang ungeklärt geblieben waren, u.a. jene, um wessen Überleben es in der Evolution überhaupt gehe: Das Überleben des Einzelnen, das der Familie, der Gruppe oder das der Art. Denn was für das Überleben des Einzelnen nützlich ist, kann der Familie schaden; und was der Familie dient, kann die Gruppe zerstören; schliesslich muss nicht alles, was der Erhaltung der Art dient, auch der Erhaltung des Einzelnen nützlich sein, usw. Seit den späten fünfziger Jahren ist die Biologie nun überzeugt, im Konfliktfall seien es die Interessen des Einzelnen, die im "Kampf ums Überleben" obsiegen. So stellte 1966 der Biologe George C. Williams fest, dass sich überlebens- und reproduktionsdienliche physische Merkmale lediglich auf der Ebene des Individuums entwickeln, nicht aber darüber, also z.B. gleichzeitig in der gesamten Gruppe oder Art (Williams 1966). Man könne z.B. nicht behaupten, die Grösse einer Bevölkerung reguliere sich in Antizipation drohender Nahrungsmittelknappheit in irgendeiner Weise selbstständig. Ebenfalls sei es nicht haltbar, altruistische Verhaltensmerkmale schlicht durch Hinweis auf den Nutzen, den die Familie oder Gruppen davon habe, zu erklären. Wenn sich nun dennoch soziale Verhaltensweisen, z.B. Altruismus, innerhalb einer Art ausbreiten, obschon diese für den Einzelnen nicht überlebens- bzw. reproduktionsdienlich sind (und oft genug sogar das Gegenteil bewirken), so müsse dies andere Gründe haben.

Aus dem Blickwinkel der Evolutionstheorie ist das Entstehen von Altruismus tatsächlich fast ein Ding der Unmöglichkeit, denn jeder, der im "Kampf ums Überleben" die eigenen Interessen vernachlässigt, wird über kurz oder lang das Opfer der eigenen Grosszügigkeit; er hätte mithin ebenfalls kaum grosse Chance, die erbliche Veranlagung zu selbstlosem Handeln an Nachkommen weiterzugeben. Altruismus müsste rasch aussterben. In einigermassen zivilisierten Ländern ist dies jedoch nicht der Fall, wie man sich leicht täglich überzeugen kann (Höflichkeitsformen des Umgangs), und in der Familie erst recht nicht.

Die Soziobiologie glaubt nun Hinweise zu haben, dass die Natur in einigen Fällen der Verbreitung gewissen Erbmaterials eine höhere Priorität zumisst als dem Überleben des Individuums, und mitunter profitiert davon auch die Familie, die Gruppe oder sogar die gesamte Art. Altruismus lässt sich nun leicht innerhalb des biologischen

Evolutionskonzepts erklären, wenn man drei Dinge unterstellt: Erstens, dass Altruismus erblich bedingt ist; dass
es im Evolutionsprozess, zweitens, nicht um die Lebenschancen desjenigen geht, der Selbstlosigkeit übt, sondern um
die Verbreitung der erblichen Veranlagung zu Selbstlosigkeit; und drittens, dass zumindest im Kreis der Familie ein
Teil derjenigen, die in den Genuss selbstlosen Verhaltens
kommen, dieselbe erbliche Veranlagung zu Selbstlosigkeit
besitzen. Falls nun Altruismus die Lebenschancen derjenigen
drastisch verbessert, die selbst in seinen Genuss kommen und
dieselben Erbanlagen besitzen, so muss sich Altruismus nach
den Gesetzen der Evolution tendenziell weiter verbreiten.

Der Soziobiologie ist es gelungen, an einigen Beispielen nachzuweisen (besonders beeindruckend an jenem des
Altruismus), dass soziales Verhalten aus dem Kontext der
biologischen Evolution heraus erklärt werden kann; sie hat,
gestärkt durch diesen Erfolg, beginnend mit dem 1975
erschienen, über 500 zweispaltig bedruckte Seiten starken
Band E. O. Wilsons, die Soziobiologie als "neue Synthese"
präsentiert, der es gelingen könne, die gesamten
Sozialwissenschaften einschliesslich der Geschichte auf eine
gemeinsame, biologische Basis zu stellen. Dabei hat sich die
"konventionelle" Soziobiologie jedoch teilweise sehr weit
vorgewagt und entsprechend heftige Kritik provoziert
(Sahlins 1976; Montagu 1980). Die umfangreiche Studie
Wilsons (1975) beginnt mit Ausführungen über das
Sozialverhalten von Resusaffen und Graugänsen und endet
schliesslich, nach über 500 eng bedruckten Seiten, beim
menschlichen Sozialverhalten, bei Wirtschaft und Politik.
Geld, so Wilson (1975:553), habe an sich keinen Wert; es
erleichtere vielmehr den Handel, wobei die Inzahlungnahme
an sich wertloser Stücke Blech (Münzen) und Papier

(Banknoten) ein Akt des Vertrauens sei, Alturismus auf Gegenseitigkeit also. Eine moderne Geldwirtschaft könne mithin nur funktionieren, wenn sich vorweg die erbliche Veranlagung zu Altruismus ausgebreitet habe. Dem diene u.a. auch Krieg zwischen Staaten, da im Krieg gerade jene Tugenden wie Tapferkeit, Selbstlosigkeit, Patriotismus, aber auch organisatorische Talente und technische Begabungen zur Entfaltung kommen, von denen Wilson vermutet, dass sie genetische Grundlagen besitzen. Es bedürfe allerdings nur alle paar Generationen eines Krieges, damit die Ausbreitung dieser Erbanlagen gesichert sei (Wilson 1975:573).

Die "konventionelle" Soziobiologie ist keine Neuauflage des alten Sozialdarwinismus, so sehr dies auch scheinen mag, denn sie unterstellt ja gerade nicht Gruppenselektion, behauptet also nicht, dass Konflikte zwischen Gruppen, Klassen und Staaten der Auslese der "Tüchtigsten" diene; sie behauptet vielmehr, dass derartige Vorgänge u.a. der erblichen Ausbreitung der genannten "Tugenden" förderlich sind, falls diese tatsächlich genetische Basis haben, und dass es aus diesem Grund zu derartigen Konflikten überhaupt komme. Dass Altruismus, Patriotismus, Tapferkeit usw. genetisch verankert ist, kann allerdings noch keinesfalls als bewiesen gelten, denn die Biochemie hat entsprechende Codes in menschlichen Erbanlagen noch nicht identifiziert. Da nun die Wirtschafts- und Sozialwissenschaften z.B. Erklärungen der Geldwirtschaft und der Kriegsursachen besitzen, die ohne unbewiesene Behauptungen derart fundamentaler Art auskommen, zwingt bis jetzt noch nichts dazu, den Ansprüchen der "konventionellen" Soziobiologie auf Neubegründung der Gesellschaftswissenschaften stattzugeben.

Die Kritik an der "konventionellen" Soziobiologie kann also wie folgt konkretisiert werden (vgl. Lumsden/Wilson 1983:170): Erstens kann sie zwar nachweisen, dass die Vererbbarkeit gewisser sozialer Verhaltensweisen (vor allem Altruismus) mit den Regeln der Evolution kompatibel ist; die genaue Art und Weise, wie dies geschieht, muss jedoch als black box behandelt werden. Zweitens würde auch der Beweis der Erblichkeit einiger sozialer Verhaltensweisen noch keinesfalls dazu berechtigen, menschliche Kultur in ihrer komplexen Gesamtheit schlechthin auf erbliche Grundlagen zurückzuführen. Und drittens hat auch die Soziobiologie wie jede Theorien in den Gesellschaftswissenschaften das Faktum menschlicher Willensfreiheit zu berücksichtigen: Nichts kann den Menschen davon abhalten, gegen genetisch programmierte Regeln ganz bewusst zu verstossen, wenn er dies will.

Alle drei Probleme glaubt nun die Theorie der genetisch-kulturellen Koevolution (Lumsden/Wilson 1981: "gene-culture coevolution"), eine Weiterentwicklung der "konventionellen" Soziobiologie, einer Lösung näher gebracht zu haben. Wie diese unterstellen deren Hauptvertreter, Lumsden und Wilson, einen Zusammenhang zwischen genetischer und kultureller Evolution; als dritter, intervenierender Faktor wird zusätzlich aber die Entwicklung des menschlichen Gehirns berücksichtigt. Zwischen allen drei Bereichen der Evolution, also der Entwicklung der Biologie des Menschen, der Entwicklung seines Denkvermögens und seiner Kultur, bestehen nun Lumsden und Wilson zufolge komplexe Vor- und Rückkopplungsbeziehungen (vgl. das Fluss- diagramm der Zusammenhänge bei Lumsden/Wilson 1981:346).

Die Theorie der sozio-kulturellen Koevolution kann an dieser Stelle nur in Umrissen skizziert werden, wobei vor allem die Unterschiede zur "konventionellen" Soziobiologie interessieren. So behauptet die Theorie der sozio-kulturellen Koevolution z.B. nicht, dass bestimmte Formen sozialen Verhaltens beim Menschen direkt genetisch verankert seien; vielmehr steuere das Erbmaterial des Menschen dessen organische Entwicklung mit Hilfe erblicher Regelsysteme, die Lumsden und Wilson (1981:349) "epigenetische Regeln" nennen (epigenetic rules). Dies gilt auch für die Entwicklung des menschlichen Gehirns und seiner speziellen perzeptiven und kognitiven Fähigkeiten. Ob sich spezielle Verhaltensmerkmale z.B. durch Lernen, Ausprobieren, oder Erfinden nun ausbilden können oder nicht, hängt von ihrer Kompatibilität mit den epigenetischen Regeln ab, die den Aufbau jener Organe, vor allem jener Teile des Gehirns steuern, die ein Verhaltensmerkmal ins Spiel bringen; einige epigenetische Regeln sind inflexibel, d.h. sie lassen auf bestimmte Umweltreize nur ein Verhalten zu; andere erlauben eine weite Bandbreite von Aktionen und Reaktionen. Vererbbar und veränderbar durch Evolution sind nun nicht bestimmte Verhaltensmerkmale - diese müssen grösstenteils erlernt werden - sondern die entsprechenden epigenetischen Regeln, die Spielraum für die Ausbildung von Verhaltensmerkmalen lassen.

Bei jenen Verhaltensmerkmalen, um deren Kompatibilität mit epigenetischen Regeln es geht, handelt es sich allerdings nicht um sehr komplexe Vorgänge wie z.B. Altruismus, sondern um "Verhaltensatome" (Lumsden/Wilson: culturgens), aus denen sich komplexere Verhaltensweisen zusammensetzen. Einerseits lässt sich alles Sozialverhalten, ja Verhalten und mehr noch menschliche Kultur überhaupt, nach Lumsden und

Wilson auf derartige Verhaltensatome zurückführen, ähnlich einem sehr umfangreichen Text, dessen Wortschatz dennoch endlich ist. Anderseits können kleine, evolutionsbedingte Veränderungen in den epigenetischen Regeln zu sehr grossen Unterschieden in Verhalten und Kultur führen und im Verlauf von 20 bis 30 Generationen sichtbare kulturelle Veränderungen bewirken.

Menschliche Willensfreiheit und die Verknüpfung menschlicher Verhaltensweisen über "Culturgens" und epigenetische Regeln mit der menschlichen Erbsubstanz vertragen sich Lumsden und Wilson zufolge (1983:179ff.) nun sehr wohl miteinander, denn epigenetische Regeln beeinflussen zwar mehr oder weniger nachdrücklich gewisses Verhalten, z.B. die Unterscheidungen zwischen gut und böse, sie determinieren dieses aber nicht. So habe der Mensch zwar die Freiheit, z.B. gegen das Inzesttabu zu verstossen (Lumsden/Wilson 1983:175ff.); bei bewusster Bewertung aller denkbaren Risiken eines solchen Schrittes werde er jedoch in der Regel zu der Einsicht kommen, dass Moral und Ethik ihren tieferen Sinn besitzen und ein Handeln des Menschen im Einklang mit seiner Biologie und nicht gegen diese ihm selbst am meisten nütze.

III.4. Geschichte in evolutionstheoretischer Perspektive

Wie Comte und Spencer, aber auch Marx ist die Soziobiologie davon überzeugt, dass alle Natur-, Sozial- und historischen Wissenschaften eine Gesamtheit bilden und die gegenwärtigen Trennungslinien zwischen ihnen künstlich und jedenfalls temporär sind. Die Soziobiologie hat ein hierarchisches Wissenschaftsbild: Chemie liesse sich demnach weitgehend als Spezialdisziplin der Physik betreiben, Biologie als Spezialdisziplin der Chemie, Psychologie als Spezialdisziplin der Biologie, Soziologie als Spezialdisziplin der Psychologie usw. (Lumsden/Wilson 1983:171). Bis in die sechziger Jahre dieses Jahrhunderts hinein sei der Zusammenhang zwischen Biologie und Chemie bestritten worden, und erst die Molekularbiologie habe bewiesen, dass Biologie tatsächliche ihre Grundlagen in der chemischen Wissenschaft besitze. Die Vertreter der neuen Soziobiologie konzedieren, dass der Zusammenhang zwischen Psychologie und Biologie, den sie unterstellen, auch gegenwärtig keinesfalls als eindeutig bewiesen gelten kann, sondern so etwas wie eine Glaubenssache sei (Lumsden/Wilson 1983:171: "still something of an article of faith"); weitergehende Ansprüche der Soziobiologe habe diese zum heftig bekämpften "Schurken" (Lumsden/Wilson) der Sozialwissenschaften gemacht. Dennoch hält auch die neue Soziobiologie an ihrem Anspruch, die Grundlagen einer neuen Gesellschaftswissenschaft zu liefern, weiterhin fest. Rosenberg (1980) empfiehlt deshalb, ein Reifen der Sozial- und Gesellschaftswissenschaften nicht abzuwarten, sondern in kühnem Vorgriff (Rosenberg: "preemption") auf die zu erwartende biologische Theorie menschlichen Verhaltens an deren Grundlagen zu arbeiten. Man kann mit guten Gründen diese Hoffnungen für überzogen halten und den damit verbundenen Anspruch zurückweisen, denn eingelöst ist er bisher noch nicht. Selbst wer zuzugeben gewillt ist, dass soziale Systeme wie andere komplexe Systeme auch zerlegbar sind (Simon 1973: "near-decomposable"), muss davon ausgehen, dass die Gesamtheit sozialer Systeme mehr ist als die Summe ihrer Teile. Ein Blick auf die Statistik der Worthäufigkeiten eines Textes erlaubt sicherlich einige möglicherweise originelle Einsichten (vgl. V.2.), ersetzt aber nicht die Auseinandersetzung auch mit der Textaussage als ganzer. Aber selbstverständlich kann und soll nichts die Soziobiologie daran hindern, psychologischen und sozialen Fragestellungen mit den eigenen Instrumenten nachzugehen. Die Sozialwissenschaften und die Historie haben jedoch allen Anlass, den zu erwartenden Resultaten mit Gelassenheit entgegen zu sehen.

Nützliche Anstösse hat die Soziobiologie immerhin z. B. der Politischen Wissenschaft gegeben, die solche gebrauchen kann, weil ihr theoretischer Hintergrund auch im Vergleich mit anderen Sozialwissenschaften einigermassen unterentwickelt genannt werden muss (vgl. den Sammelband von White 1981). Beeindruckenden Gebrauch von Erkenntnissen der Soziobiologie in Verbindung mit spieltheoretischen Ansätzen und historischen Beispielen machen auch die Arbeiten von Axelrod zur Entstehung von Zusammenarbeit zwischen Egoisten (vgl. Axelrod 1984). Einige Aspekte sind auch für die Geschichte von Interesse. Smith (1983:303) verweist z.B. darauf, dass ein soziobiologischer Ansatz eine eher statische Geschichtsperspektive ("distinctly conservative cast") impliziert: Im Zeithorizont der genetischen Evolution hat sich die biologische Entwicklung des Menschen zwar rasch, der Aufbau kultureller Strukturen geradezu explosionsartig vollzogen; Lumsden und Wilson zufolge lassen sich gewisse, evolutionsbedingte Verhaltensänderungen des Menschen bereits über Phasen von etwa 1000 Jahren hinweg beobachten. Wer aber nicht gerade die Zeitvorstellungen der longue durée unterstellt, wird sich damit abfinden müssen, dass sich die menschliche Gesellschaft im Guten wie im Bösen so rasch nicht geändert hat und auch nicht ändern wird. Für die Historische Sozialforschung hat das seine "guten" Seiten; man kann z.B. getrost den Peloponnesischen Krieg studieren, wenn man an Krieg schlechthin, d.h. auch in seinen modernen Erscheiungsformen, interessiert ist. Für die Menschheit gesamthaft sind die Perspektiven eher pessimistisch: Die genetische Verankerung adaptiver Verhaltensmerkmale verläuft (wenn überhaupt) nicht so rasch, wie man es sich wünschen würde. Beispielsweise dürfte Krieg auch in absehbarer Zeit nicht wie z.B. der Inzest zum Tabu werden.

Auch für den Fall, dass die Soziobiologie ihr Programm der Neubegründung der Humanwissenschaften erfolgreich durchsetzen könnte, sind Geschichte und Gesellschaftswissenschaften selbstverständlich nicht mit einem Schlag auf die Rolle des mehr oder minder kritischen "Konsumenten" reduziert (vgl. Smith 1983:306), genauso wenig wie die Biologie durch die Erfolge der Biochemie zur zweitklassigen Hilfswissenschaft geworden wäre, im Gegenteil. Gerade historisch-vergleichende Ansätze sind aus evolutionstheoretischer Perspektive von grossem Interesse, denn sie allein können das Material für eine Prüfung der Theorien soziokultureller Evolution und der Soziobiologie beischaffen.

IV. METHODEN DER HISTORISCHEN SOZIALFORSCHUNG

IV.1. Einleitung

Historische Sozialforschung unterscheidet sich von herkömmlicher Historie, wie vorher ausgeführt (vgl. I.10.), vor allem in zwei Aspekten: Sie stützt sich, erstens, auf explizite Theorie bzw. dient selbst der Theoriebildung oder -prüfung, wobei sie, zweitens, quantitative Daten verwendet und diese mit Hilfe sozial- und wirtschaftswissenschaftlicher Verfahren auswertet. Dabei hat die Historische Sozialforschung seit den Anfängen in den späten fünfziger und frühen sechziger Jahren entscheidende Fortschritte gemacht, auch was die Akzeptanz dieser Verfahren in der Geschichte betrifft. Die Häufigkeit von Tabellen in den fünf führenden historischen Fachzeitschriften der USA wuchs von den frühen sechziger bis zum Beginn der achtziger Jahre auf das Fünffache an, wobei die Zahl jener Tabellen, die nicht (bzw. nicht nur) Daten, sondern (auch) mehr oder weniger anspruchsvolle statistische Kennwerte enthielten, immerhin um gut ein Viertel zunahm (Kousser 1980:890).

Fortschritte in der Aneignung des methodischen Instrumentariums der Sozial- und Wirtschaftswissenschaften durch die Historische Sozialforschung wurden auch im deutschsprachigen Bereich (BRD, Schweiz, Österreich) gemacht. In ihrer Untersuchung laufender Projekte zur Historischen Sozialforschung Mitte der siebziger Jahre stellten Bick, Müller und Reinke (1977:21f.) fest, dass 47% der Befragten die gesammelten Daten tabellarisch auswerten; 31% arbeiten immerhin mit Korrelationsverfahren, aber nur in

7% der Fälle kamen komplexere Verfahren zur Anwendung. Die
Hälfte aller Projekte wertete zudem die gesammelten Daten
noch von Hand aus. Die nachfolgenden Untersuchungen zeigen
ein wenig verändertes Bild (Bick, Müller und Reinke 1979,
1980, 1981, und 1982), soweit sie Rückschlüsse dieser Art
zulassen.

Im Gegensatz zu ihren amerikanischen Kollegen ist es
jedoch der (quantitativen) Historischen Sozialforschung im
deutschsprachigen Bereich nicht gelungen, in den historischen Fachzeitschriften mit ihren Beiträgen in nennenswertem
Masse Fuss zu fasse; dies gilt auch für eine Neugründung wie
"Geschichte und Gesellschaft" (Göttingen), die sich, dem
Vorwort der Herausgeber zum ersten Heft (1975) folgend, als
interdisziplinäres Forum der Historischen Sozialwissenschaft
versteht, dabei allerdings "historisch-hermeneutische und
sozialwissenschaftlich-analytische Verfahrensweisen produk-
tiv miteinander zu verbinden" sucht (Geschichte und
Gesellschaft 1/1975:5). Die weitere Entwicklung der
Zeitschrift zeigt, dass historisch-hermeneutische Verfahren
immer noch und auch weiterhin dominieren. Die historisch-
sozialwissenschaftliche Forschung im deutschsprachigen Raum
ist überwiegend interdisziplinär und mehr in den Sozialwissenschaften als in der Historie verankert. Knapp 3/4
aller von Bick et.al. (1982:XIV) untersuchten 400 Projekte
zur Historischen Sozialforschung sieht sich Soziologie,
Wirtschaftswissenschaften, Politologie und der Kategorie der
"Gesellschaftswissenschaften allgemein" zugeordnet; nur gut
1/3 der Projekte (Mehrfachnennungen waren möglich)
identifiziert sich mit der Historie. Die Historische
Sozialforschung im deutschsprachigen Raum hat ihr Forum
also, was nicht überrascht, überwiegend in den sozial-

wissenschaftlichen Fachzeitschriften gefunden, sofern sie sich nicht direkt an ausländische, vor allem amerikanische Journals wendet.

Die folgenden Ausführungen zu den Methoden der Datenanalyse in der Historischen Sozialforschung bemühen sich um einen Überblick und zitieren Beispiele. Sie können selbstverständlich keine Einführung in die beschriebenen Verfahren bieten. Dies würde den Rahmen der vorliegenden Darstellung sprengen. Für den interessierten Leser werden jedoch Hinweise auf einführende Werke der Methodenliteratur angefügt, die ohne Vorkenntnisse bewältigt werden können.

IV.2. Deskriptive, bi- und multivariate Statistik

Einfachere statistische Verfahren der Datenbeschreibung und Datenauswertung bestimmen bis heute das Bild in der Historischen Sozialforschung. Die tabellarische Präsentation von Daten lädt selbstverständlich dazu ein, bei Verzicht auf kompliziertere Verfahren zumindest einige deskriptive Statistiken zu berechnen, also Minima, Maxima, arithmetische Mittel, Mediane, eventuell auch die Standardabweichung als Mass der Streuung und die Schiefheit (skewness) als Mass der Abweichung einer Verteilung der Daten von der Normalform (Einführung bei Benninghaus 1982). So berechnet z.B. Byers (1982) in seiner bereits vorher zitierten Untersuchung (vgl. II.4.) zum demographischen Wandel von Nantucket für 17 Alterskohorten von 1680 bis 1840 die durchschnittliche Zahl der geborenen Kinder und ergänzt diese Datenserien mit den entsprechenden Standardabweichungen. Erst dies ermöglicht eine sinnvolle Interpretation von arithmetischen Mitteln, zumal bei stark schwankender Grösse der Alterskohorten (zwischen 12 und 576).

Bi- und multivariate (schliessende) Statistiken beschreiben Zusammenhänge zwischen zwei oder mehreren Variablen. Einfachere Tests auf Existenz eines Zusammenhangs zwischen zwei Variablen (z.B. Differenzentests, t-Tests, F-Tests usw.; vgl. Sahner 1982) finden sich in der Historischen Sozialforschung eher selten. Zwei Gründe sind wohl massgebend für diesen Sachverhalt: Erstens setzen diese Tests Annahmen über Eigenschaften der verwendeten Stichprobe voraus, die entweder nicht zutreffen oder aber Historikern wenig geläufig sind; zweitens wird sich der in der Anwendung statistischer Verfahren versierte Forscher nicht mit einfachen Test der genannte Art begnügen und eher aussage-kräftigere Statistiken verwenden.

Beliebt in der Historischen Sozialforschung ist hingegen der Produktmoment-Korrelationskoeffizient (Pearson's "r"), der vor allem den Vorteil plausibler Interpretierbarkeit gegenüber den vorher genannten Tests besitzt: Der Produktmoment-Korrelationskoeffizient hat einen festen Wertebereich von -1 bis +1, wobei positive Werte einen direkten Zusammenhang (je grösser, umso grösser), und negative Werte einen umgekehrten Zusammenhang (je grösser, umso kleiner) anzeigen. Bei Werten um null liegt kein Zusammenhang vor. Jede Interpretation eines Korrelations-koeffizienten hat allerdings zu berücksichtigen, dass dessen Verwendung ebenfalls recht weitreichende Anforderungen an die Daten stellt, also etwa die Normalverteilung der Variablenwerte voraussetzt. Werden Daten mit schiefer Verteilung oder wenigen Extremwerten (sog. outliers) verwendet, kann der Korrelationskoeffizient an Aussagekraft einbüssen oder sogar zu vollkommen falschen Resultaten führen, wie Alexander (1976) mit einer Anzahl von abschreckenden Beispielen aus der amerikanischen Wahlgeschichtsforschung zeigt.

Pearson-Korrelationskoeffizienten haben jedoch einige Nachteile, auf die ebenfalls verwiesen werden muss. Erstens sagt der Korrelationskoeffizient zwar etwas über die "Enge" des Zusammenhangs zwischen zwei Variablen aus, aber nichts über der Richtung und genaue mathematische Beziehungen; beides ist aber Voraussetzung für die Berechnung von sog. Schätzwerten für eine Variable, die mit den "echten" erhobenen Datenwerten verglichen werden können und weiterreichende interpretative Schlüsse erst zulassen. Die Berechnung von Korrelationskoeffizienten wird aus diesem Grund vermehrt auch in der Historischen Sozialforschung wie in den empirischen Sozialwissenschaften zu einem explorativen Durchgangsstadium der Datenanalyse, das bei der Präsentation der Forschungsergebnisse aber nicht mehr dokumentiert wird. Zweitens lassen sich Korrelationskoeffizienten nur für Paare sog. metrischer (oder intervall-skalierter) Variablen ermitteln; man benötigt also in jedem Falle Daten, mit denen man sinnvoll arithmetische Operationen durchführen, also rechnen kann. Für Paare von nicht-metrischen (kategorialen, klassifikatorischen oder rangskalierten) Variablen lassen sich keine Korrelations-koeffizienten berechnen; man kann also z.B. den Zusammenhang zwischen Berufsgruppen-Zugehörigkeit und Parteizugehörigkeit (vgl. Schröder 1980) nicht in Form eines Produktmoment-Korrelationskoeffizienten ausdrücken, da beides kategoriale Variablen sind.

Andere Statistiken werden benötigt. Wenn es möglich ist, die Merkmalsausprägungen einer Variablen (z.B. Berufsgruppen) in Rangfolge zu bringen (z.B. hinsichtlich Prestige) und die Daten entsprechend zu transformieren (d.h. jeder Berufsgruppe einen Rangplatz etwa von 1 bis 10 zuzuordnen), lassen sich für Paare derartiger Variablen immerhin sog. Rangordnungs-Korrelationskoeffizienten berechnen (Spearman- oder Kendall-Rangordnungs-Korrelation). Analoge Assoziationsmasse sind jedoch auch zur Ermittlung des Zusammenhangs zwischen kategorialen (nominalen) Daten entwickelt worden (z.B. die Differenz relativer Häufigkeiten DRH, Chi-Quadrat, Yule's Q usw.). Weede (1975) hat in seinem wichtigen Beitrag zur Kriegsursachenforschung (mit Daten des Zeitraums von 1900 bis 1945) gezeigt, dass auch mit kategorialen Variablen und den genannten Assoziationsmassen effizient gearbeitet werden kann.

Unter den multivariaten Verfahren ist zweifellos die multiple Regression auch für die Historische Sozialforschung am wichtigsten. Hierbei wird eine sog. abhängige Variable, deren Variation zu erklären ist, mit mehreren sog. unabhängigen Variablen (predictors) in Verbindung gesetzt (Einleitung bei Urban 1982), wobei in den häufigsten Fällen ein (mathematisch gesehen) linearer Zusammenhang unterstellt wird. Anwendungsbeispiele finden sich vor allem in der Neuen Wirtschaftsgeschichte, aber auch in anderen Bereichen.

Auf eine technisch anspruchsvolle Anwendung aus der zeitgeschichtlichen Forschung wurde bereits hingewiesen (vgl. II.3.). Die Wirtschaftswissenschaftler Frey und Weck (1981) gingen der Frage nach, mit welcher Berechtigung die Arbeitslosigkeit infolge der Niederlage Deutschlands im Ersten Weltkrieg und der Weltwirtschaftskrise für den

Aufstieg des Nationalsozialismus, besonders die Wahlerfolge zwischen September 1930 und März 1933, verantwortlich gemacht werden kann. Dabei wurden die Wahlresultate der verschiedenen Weimarer Parteien (NSDAP, DNVP, KPD, DVP, Zentrum, DStP, SPD) als abhängige Variablen in Zusammenhang mit verschiedenen unabhängigen Variablen gebracht, und zwar der Arbeitslosigkeitsrate, dem Anteil von Katholiken und landwirtschaftlich Erwerbstätigen (als Indikator des Stadt/Land-Faktors) und der Wahlbeteiligung. Da die Arbeitslosigkeits-Daten nur aggregiert für die 13 Landesarbeitsamts-Bezirke des Deutschen Reiches vorliegen, mussten auch die übrigen Daten entsprechend aggregiert werden. Für eine multiple Regression ist jedoch eine Fallzahl von n=13 zu gering. Deshalb wurden die Fälle für alle vier untersuchten Wahlen (September 1930, Juli 1932, November 1932 und März 1933) zusammengefasst, was zu der nunmehr ausreichenden Zahl von 4 x 13 = 52 Fällen führte. Bei dieser Form der sog. gepoolten Längsschnitt/Querschnitt-Analyse muss allerdings auch das Datum der Wahl (über sog. dummy-Variablen) kontrolliert werden. Auf diese Weise lässt sich prüfen, ob die "Brüche" in den Datenserien (d.h. die Tatsache, dass im Grunde vier unterschiedliche Datenserien vorliegen) das Resultat beeinflussen. Es zeigte sich nun, dass in der Tat der Stimmenanteil der Nationalsozialisten ceteris paribus umso höher war, je höher die Arbeitslosenquote, je geringer der Anteil der Katholiken und je höher derjenige der landwirtschaftlich Erwerbstätigen (Frei/Weck 1981:31). Die Arbeitslosigkeit in ländlichen, eher nördlichen Regionen hat also dem Nationalsozialismus zu seinen Wahlerfolgen und damit schliesslich an die Macht geholfen. Mit den geschätzten Parameter der Regressionsgleichung von Frey und Weck lässt sich auch die Frage nach dem Stimmenanteil der NSDAP in einer fiktiven Wahl ohne

Wirtschaftskrise und entsprechende Arbeitslosigkeit berechnen, indem die Arbeitslosenquote in der Regressionsgleichung
auf dem Niveau vom Juli 1932 (14.4 % gegenüber 42.3%)
belassen wird: Die Stimmenanteil der NSDAP hätte Frey und
Weck (1981:23) zufolge 23% im März 1933 nicht überschritten.

Kompliziertere Zusammenhänge mit einer grösseren Zahl
von direkten und indirekten Wirkungen unabhängiger Variablen
auf eine oder mehrere abhängige Variable werden oft in sog.
Pfadmodellen dargestellt,   d.h.   Diagrammen,   in   denen
Kausalbeziehungen zwischen jeweils zwei Variablen als Pfeile
eingzeichnet werden und Koeffizienten an diesen die Stärke
der Zusammenhänge zwischen den Variablen unter Berücksichtigung dritter Variablen angeben. Die Pfadanalyse ist eine
Weiterentwicklung der multiplen Regressionsanalyse (Einführung bei Asher 1978) mit dem Ziel, komplexere, nur in
mehreren Regressionsgleichungen darstellbare Zusammenhänge
in Form eines Pfeildiagramms zu visualisieren. Pfadkoef-
fizienten selbst sind (ausser in sog. überidentifizierten
Modellen) mit sog. standardisierten partialen Regressions-
koeffizienten vollkommen   identisch; die Anwendung der
Pfadanalyse bereitet also kaum Probleme, wenn bereits mit
der multiplen Regression gearbeitet wird.

Auch die   Historische Sozialforschung beginnt, die
Vorzüge der Pfadanalyse zu nutzen, denn Resultate lassen
sich auch für den statistisch nicht vorgebildeten Leser in
Form von Pfadmodellen übersichtlich darstellen und interpretieren. So zeigen Guest und Tolnay (1983:399) z.B. in einem
kleinen Pfadmodell, welchen Einfluss 5 Variablen zur
industriellen Struktur amerikanischer Städte um die
Jahrhundertwende auf die Höhe der Fertilität haben, wobei
drei intervenierende Variablen (Anteil der Frauen an den

Beschäftigten, Verschulungs-   und   Alphabetisierungsgrad)
"zwischengeschaltet" werden. Es zeigt sich hierbei, dass der
Rückgang der Fertilität weniger mit Bewusstwerdungsvorgängen
zu tun hat (wenn man die Alphabetisierungsrate als Indikator
akzeptiert), sondern auf besondere industrielle Strukturen
zurückzuführen ist, die Arbeitsplätze für Frauen schufen
(besonders in der Textilindustrie).

Auch bei multivariaten Analysen stellt sich das Problem
nicht-metrischer (also nominaler oder kategorialer) Daten,
die selbstverständlich nicht ohne weiteres in der multiplen
Regression verwendet werden können. Ein oft gangbarer Ausweg
ist die Aufteilung einer nominalen Variablen von z.B. drei
Ausprägungen in drei dichotomische Variablen (dummy-
Variablen), die wie metrische Variablen in der Regressionsanalyse verwendet werden können, allerdings meist nur auf
der rechten Seite der Regressionsgleichung, d.h. als sog.
unabhängige Variablen (predictors). Bei grösserer Zahl von
kategorialen Variablen ist dieses Verfahren jedoch umständlich, vor allem wenn die interessierenden Variablen sehr
viele Ausprägungen besitzen (Schröder 1980:203ff. unterscheidet in seiner Analyse des beruflichen Hintergrunds
sozialdemokratischer Reichstagskandidaten z. B. 37 verschiedene Beschäftigungen und die zusätzliche Kategorie
"unbekannt").

Verschiedene Verfahren zur Lösung des Problems
kategorialer, unabhängiger Variablen in Regressionsanalysen
sind entwickelt worden (vgl. Küchler 1979). In der
Historischen Sozialforschung findet man vor allem die sog.
multiple Klassifikation (multiple classification analysis,
MCA) verschiedentlich in Anwendung, die technisch gesehen im
wesentlichen eine vollautomatische Regressionsanalyse mit

dummy-Variablen ist. Ein Vorteil der MCA ist die Darstellung
der Resultate in Form sog. MCA-Tabellen, was leichte
Interpretierbarkeit auch durch den nicht statistisch vorgebildeten Leser ermöglicht, denn aus MCA-Tabellen lassen sich
Veränderungen der Beziehung zwischen abhängiger Variablen
und unabhängiger Variablen der Untersuchung bei Berücksichtigung weiterer, intervenierender Variablen direkt in
Einheiten der abhängigen Variablen ablesen (z.B. Veränderungen in der Höhe des Einkommens in Abhängigkeit von der
Schulbildung, wenn der Beruf des Vaters und andere Faktoren
sukzessive berücksichtigt werden). So haben Katz und Stern
(1978 und 1979) mit Hilfe der MCA nachgewiesen, dass der in
der neuen Stadtgeschichte für das 19. Jahrhundert unterstellte Zusammenhang zwischen Beruf und Mobilität
verschwindet, wenn weitere Variablen berücksichtigt werden,
z.B. Immobilienbesitz.

IV.3. Zeitreihenanalyse

Der Begriff Zeitreihenanalyse bezeichnet eine grössere Zahl
statistischer Verfahren, die dazu dienen, mathematische
Modelle für Serien zeitlich aufeinander folgender
(quantitativer) Daten zu entwickeln, und zwar aus den
Verlaufsmerkmalen der Zeitreihe selbst heraus, also nicht
durch Verweis auf weitere, ursächliche Variablen. Man wird
z.B. die zunehmende Industrialisierung Westeuropas im späten
18. und 19. Jahrhundert auf einen entsprechenden Säkular-
trend zurückführen und nicht in jedem konkreten Einzelfall
nach den Triebkräften der Industrialisierung fragen -
selbstverständlich dabei wohl wissend, dass es solche gibt,
aber man behandelt diese aus Gründen der Erklärungsökonomie
als sog. "black box". Da Geschichte vor allem an diachronen

Phänomenen, also Veränderungen in der Zeit, interessiert ist, wäre die Zeitreihenanalysen also ein der historischen Fragestellung und ihrem Datenmaterial wohl angemessenes Verfahren. Zeitreihenanalysen in der Historischen Sozialforschnug sind dennoch eher selten. Man findet sie vornehmlich dort, wo der Historiker mit längeren Serien von Zeitreihendaten zu tun hat, also in der historischen Demographie und der Wirtschaftsgeschichte. Die Anwendung der Zeitreihenanalyse beschränkt sich aber nicht auf diese Bereiche; dies zeigen die nachfolgend besprochenen Beispiele (Einführung bei Diekmann/Mitter 1984).

Viele Zeitreihen im politischen, wirtschaftlichen und sozialen Bereich zeigen ein bereits beim Blick auf den Graphen dieser Zeitreihe leicht identifizierbares Verlaufsmuster, also z.B. eine auf- oder absteigende Gerade. Dieses Verlaufsmuster nennt man einen Trend (vgl. Frei/Ruloff 1984:222-230). Bei der bivariaten Regression geht es, wie ausgeführt (vgl. IV.2.), darum, den mathematischen Zusammenhang zwischen einer Ursache, der unabhängigen Variablen, und einer Wirkung, der abhängigen Variablen, zu bestimmen. Die allgemeine mathematische Form der Regressionsgleichung, die den fraglichen Zusammenhang abbilden soll, muss zwar vorweg festgelegt werden; die genauen Werte der Parameter dieser Gleichung lassen sich dann jedoch statistisch schätzen. Analog wird bei der Trendanalyse oder Kurvenanpassung (curve fitting) vorgegangen; allerdings fungiert hierbei die Zeit (t) als quasi unabhängige Variable in der Regressionsgleichung, indem man sie in einen funktionalen Zusammenhang (f) mit der Zeitreihe (Y) bringt und so den Verlauf der Zeitreihe beschreibt, also $Y = f(t)$.

Selbstverständlich kann es nicht darum gehen, lediglich eine passende mathematische Funktion auf eine Folge von Daten zu applizieren, wie der Begriff "Kurvenanpassung" vielleicht suggeriert. Vielmehr sollte der identifizierte Trend theoretisch sinnvoll zu deuten sein. Ein gelungenes Beispiel dafür stellt die Untersuchung des Wachstumsverhaltens historischer Grossreiche von Taagepera (1968; 1979) dar. Durch Auswertung historischer Atlanten sammelte Taagepera Zeitreihendaten zur geographischen Entwicklung von 35 historischen Grossreichen der Mittelmeerwelt (Karthago, Rom, Byzanz usw.), Persiens, Chinas und Indiens. Es zeigte sich, dass der Entwicklungsverlauf zentralistischer, politischer Systeme dieser Art, wie sehr viele andere Wachstumsvorgänge auch, einem sog. logistischen Muster folgt: Beginn mit langsamer, territorialer Ausbreitung, dann Beschleunigung und rasante Expansion, bis eine Sättigungsphase und ein Einpendeln auf dem Niveau hoher (nicht notwendigerweise höchster) geographischer Ausdehnung erfolgt. In allen untersuchten Fällen war somit ein latentes Potential zur Bildung von Grossreichen vorhanden, das zu "organischem" Wachstum genutzt wurde - ein Befund, der mit Theorien der sozio-kulturellen Evolution ohne Schwierigkeiten in Einklang gebracht werden kann (vgl. III.2.). Taagepera stellt seit etwa 600 v.Chr. eine schwache, aber stetige Tendenz zu immer grösseren, zentralistischen Systemen fest, deren stabile Phase jedoch kaum an Dauer zunimmt. Eine originelle Anwendung der Trendanalyse führen auch Hage, Gargan und Hanneman (1980) vor; danach werden "Brüche" in den Trends staatlicher Bildungsausgaben für Deutschland, Grossbritannien, Frankreich und Italien (1870-1970) für Zwecke der sozialgeschichtlichen Periodisierung herangezogen.

Die Verlaufsstruktur von Zeitreihen enthalten in der Regel lineare oder nichtlineare (kurvilineare) Trends; darüber hinaus können jedoch auch komplexere Muster in Erscheinung treten, z.B. Zyklizitäten. Namenwirth (1970; 1973), dessen Untersuchung zum Wertewandel in der amerikanischen Gesellschaft noch in anderem Zusammenhang zitiert wird (vgl. V.2.), entdeckte in seinen Zeitreihendaten zwei sich überlagernde Sinusschwingungen und schätzte statistisch deren Parameter (Amplitude, Wellenlänge, Verschiebung); er schloss daraus, dass sich Ansichten und Moralvorstellungen in den USA zwar ändern, dabei aber einen Zyklus von etwa vier Generationen durchlaufen und dann in ähnlicher Weise wie vordem wieder in Erscheinung treten.

Wenn eine Zeitreihe jedoch mehrere (vor allem kurze und lange) Zyklen enthält, wird es eher selten gelingen, allein durch Betrachtung des Graphen der Zeitreihe entsprechende sinusförmige Bewegungen zu erkennen, da durch die Überlagerung ein erratisch anmutendes Auf und Ab entsteht. Die Spektralanalyse (eine leicht fassliche Einführung bietet Leiner 1976) erlaubt es nun (ähnlich wie ein Prisma das Tageslicht in Komponenten unterschiedlicher Wellenlängen spaltet), eine Zeitreihe in ihre Grundschwingungen zu zerlegen, sofern solche vorhanden sind und nicht etwa der pure Zufall in Form "weissen Rauschens" (white noise) den Verlauf der Datenserie bestimmt. Der Autor dieser Untersuchung hat am Beispiel von ereignisanalytischen Zeitreihendaten zu den Ost-West-Beziehungen (1950 - 1978) gezeigt (Ruloff 1983), dass auch die Zeitgeschichte mit Erfolg von dieser Technik Gebrauch machen kann, wenn der Verdacht auf Zyklizitäten besteht. So bestätigt sich in der zitierten Untersuchung, dass, wie vor allem europäische Kritiker der amerikanischen Aussenpolitik vermuten, diese in starkem Masse von zyklischen Vorgängen bestimmt wird, darunter einer Grundschwingung mit einer Phasenlänge von etwa 10 Jahren. Offenbar dauert es etwas länger als eine volle Amtsperiode des amerikanischen Präsidenten, um von Entspannung auf Spannung "umzuschalten" und wieder auf Entspannung, usw. (vgl. Frei/Ruloff 1984:239-244).

Zur Modellierung von Zeitreihen wird in den bisher genannten Verfahren (Trendanalyse, Spektralanalyse) auf den Zeitparameter "t" als quasi unabhängige Variable zurückgegriffen und schliesslich (im Falle der Trendanalyse) eine lineare oder nicht-lineare Kurvenanpassung (curve fitting) durchgeführt. Eine andere Möglichkeit besteht nun darin, laufende Datenwerte "Y" einer Zeitreihe als Funktion "f" vorausgehender Werte derselben Zeitreihe darzustellen, also "Y(t) = f(Y(t-1), Y(t-2) ...." Die einfachsten Modelle dieser Art sind Autoregression und gleitender Durchschnitt (moving average; vgl. Frei/Ruloff 1984:216ff.). Im ersten Fall sind die laufenden Werte einer Zeitreihe eine lineare Funktion zeitlich vorhergehender Werte derselben Zeitreihe, im zweiten Falle eine Funktion des arithmetischen Mittels vorhergehender Werte. Die Zahl der dabei berücksichtigten vorhergehenden Werte der Zeitreihe gibt den Grad von Autoregression oder gleitendem Durchschnitt an. Beide Verfahren bieten sich an, wenn dominierende Merkmale einer Zeitreihe nicht Trends oder Zyklen, sondern zufallsverteilte exogene Störungen mit mehr oder weniger langen Nachwirkungen sind; derartige Zeitreihen bezeichnet man als stochastisch. Box und Jenkins (1976) haben beides, Autoregression und gleitenden Durchschnitt, zu einem recht anspruchsvollen, integrierten Verfahren kombiniert (ARIMA, autoregressive

integrated moving-average), das in der Historischen
Sozialforschung immer grössere Bedeutung gewinnt, wenn
Zeitreihen modelliert werden sollen.

Ein interessantes Anwendungsbeispiele zur vergleichenden Kriegsursachenforschung (vgl. II.6) findet sich in
Band 28 (1984) des Journal of Conflict Resolution. Darin
untersucht Stoll (1984) Entstehung und Verschwinden von
Machtgleichgewichts-Zuständen im europäischen Staatensystem
1824-1965, deren Stabilität aus der Perspektive einiger
Theorien internationaler Beziehungen (vgl. Frei 1977:63ff.)
in engem Zusammenhang mit Kriegswahrscheinlichkeit steht.
Stoll konstruiert auf der Basis von Indikatoren zur Allianz-
mitgliedschaft und Macht der beteiligten Staaten einen
jährlichen Blockkonzentrations-Index (ausgenommen für die
Jahre der beiden Weltkriege), der das Mass der Konzen-
tration/Diffusion von Macht im Staatensystem angibt (0=Macht
vollkommen gleich auf alle Staatengruppen verteilt; 1=alle
Macht in der Hand von einem Staat). Die Untersuchung dieser
Zeitreihe mittels ARIMA zeigt nun, dass sich Machtgleichgewichte als Autoregressionsprozesse modellieren lassen:
Machtkonzentration tendiert also immer zur Erosion, d.h. die
laufenden Werte des Index entsprechen jeweils einem
Bruchteil des letzten vorhergehenden Wertes. Den Folgen für
das Problem Krieg/Frieden wird bei Stoll(1984) zwar nicht
explizit nachgegangen, sie sind jedoch aus der graphischen
Darstellung der Zeitreihe unschwer abzulesen: Kriegerische
Konflikte schaffen in der Folge jeweils hohe Machtkonzen-
trationen, da sie in der Regel Sieger und Besiegte
hinterlassen; militärischen Konflikten voraus geht offenbar
überlicherweise eine drastische Erosion von Machtkonzen-
trations-Positionen. Damit drängt sich der Schluss auf, dass

Machtgleichgewichte im Sinne einer relativ gleichmässigen Verteilung von Macht der Stabilität in internationalen Systemen weniger dienlich sind als klare Rangordnungen.

ARIMA modelliert die Folgen exogener Schocks auf eine Zeitreihe; nicht erfasst in diesem Modell sind die direkten Wirkungen derartiger Schocks selbst, die vor allem dann von Interesse sind, wenn sie von ihrer Stärke her den Verlauf der Zeitreihe geradezu unterbrechen. Wenn der Verlauf einer Zeitreihe also mehr durch sehr grosse exogene Schocks (z.B. Krieg) als durch autoregressive oder moving-average-Qualtiäten bestimmt wird, muss zu Weiterentwicklungen von ARIMA gegriffen werden, z.B. dem sog. Impulsbestimmungs-Modell (impact assessment model; zur Modellierung sog. unterbrochener Zeitreihen vgl. McDowall et.al. 1976). Ein hervorragendes Anwendungsbeispiel, ebenfalls aus dem Journal of Conflict Resolution, findet sich bei Thompson/Zuk (1982). Die Autoren untersuchten den Einfluss einer Serie internationaler Konflikte (u.a. wurden berücksichtigt: der Siebenjährigen Krieg, die Napoleonischen Kriege, der Krimkrieg) auf jährliche Konjunkturdaten (Preise). Ausgangs-punkt ist die Behauptung Kondratieffs, die von ihm entdeckten sog. langen Wellen des Konjunkturverlaufs (long swings) seien möglicherweise für den Ausbruch von Kriegen verantwortlich (Kondratieff 1926). Technisch gesehen wird beim impact assessment zunächst eine gewöhnliche ARIMA-Untersuchung zur Isolation des sog. stochastischen Elements der Zeitreihe vorgenommen; weitergearbeitet wird jedoch dann mit den Residuen der Zeitreihe, d.h. jenem (nicht-stochastischen) Teil, den das ARIMA-Modell nicht abzubilden vermag. Mittels Regressionsanalyse wird dann Art und Ausmass des fraglichen Impulses genauer bestimmt und ein Modell des Impulses entwickelt. Schliesslich wird eine Regression der

Zeitreihe auf stochastischen Teil und Impuls zusammen vorgenommen und damit der Beitrag von beiden zum Verlauf der Zeitreihe abgeklärt. Bei Thompson und Zuk (1982) zeigt sich nun, dass der Zusammenhang zwischen konjunkturellen "long swings" und Krieg vermutlich genau umgekehrt wirkt, wie von Kondratieff selbst vermutet: Ohne grosse Kriege und ihren Einfluss auf den langfristigen Konjunkturverlauf wären die sog. Kondratieffs vermutlich gar nicht zu identifizieren. Es versteht sich, dass die genannten Verfahren der Zeitreihen- analyse sich gegenseitig nicht ausschliessen, sondern miteinander kombiniert eingesetzt werden können.

IV.4. Strukturerkennungsverfahren

Man kann eine Sache bekanntlich auf zweierlei Weise bechreiben: mit vielen Worten, aber vage; oder mit wenigen Worten und treffend. Ohne Zweifel ist die zweite Variante der ersten vorzuziehen. Oft jedoch wird man zunächst die erste Variante einer Beschreibung wählen müssen und durch Arbeit an dieser versuchen, eine Beschreibung der zweiten Art zu entwickeln. Ähnliche Probleme stellen sich auch in der empirischen Forschung. Oft ist es unumgänglich, zunächst alle verfügbaren Daten zusammenzutragen, um schliesslich in einem zweiten Schritt festzustellen, wie sich die Masse des angesammelten Materials sinnvoll reduzieren lässt, und zwar durch Auswahl und/oder Zusammenfassung von Indikatoren bzw. Fällen zu grösseren Einheiten. Die Statistik stellt nun zu diesem Zweck eine Reihe von sog. Strukturerkennungsverfahren (pattern recognition) zur Verfügung. Die wichtigsten sind die Faktorenanalyse, die Clusteranalyse (cluster analysis) und die multidimensionale Skalierung (multidimensional scaling). Verschiedentlich ist von diesen auch im Bereich

der Historischen Sozialforschung Gebrauch gemacht worden.
Alle drei Verfahren lassen sich leicht modifiziert auch für
Zwecke des Hypothesentests benutzen.

Mit Hilfe   der Faktorenanalyse werden Mengen hoch
miteinander korrelierender Indikatoren oder Variablen   zu
sog. Faktoren zusammengefasst; bei Verwendung von Computern
und entsprechender Software geschieht dies automatisch. Die
resultierenden Faktoren   sollten voneinander unabhängige
Dimensionen des Forschungsgegenstandes repräsentieren (eine
Einführung in   die Faktorenanalyse   findet   sich bei
Frei/Ruloff 1984:81-87, Arminger 1979 und Überla 1971). Die
Wirkung der Faktorenanalyse lässt sich am besten an einem
Beispiel aufzeigen. In einer Untersuchung zur Struktur
sozialen Protests im Deutschland des 19. Jahrhunderts haben
Tilly und Hohorst (1976) das Phänomen über 13 unterschiedliche Indikatoren erfasst (Häufigkeit der Berichterstattung, Datum des Protests, Beteiligung, Anzahl Opfer
verschiedener Kategorien   usw.). Mittels Faktorenanalyse
wurde diese quantitative Beschreibung des Phänomens zu 6
Faktoren "verdichtet", nämlich erstens Grössenordnung des
Protests; zweitens Gewaltsamkeit; drittens Art des Protests
(von Demonstration bis offener Aufstand); viertens öffentliche Beachtung; fünftens Unkontrolliertheit der Auseinandersetzungen; und sechstens staatliche Reaktion. Dies sind
die voneinander weitgehend unabhängigen Dimensionen sozialen
Protests in Deutschland während des 19. Jahrhunderts, wenn
man die Daten von Tilly und Hohorst als Ausgangspunkt
akzeptiert; man erhält also eine Art Koordinatennetz der
Analyse und könnte nun der weiterführenden Frage nachgehen,
weshalb sich bestimmte Vorgänge, z.B. die Revolution von
1848, in diesem Koordinatennetz an ganz bestimmter Stelle
plaziert finden.

Die Clusteranalyse (ein Einführung findet sich bei Frei/Ruloff 1984:93-97; Sodeur 1974; Everitt 1974) dient dem Zweck, die Fälle einer Untersuchung zu klassifizieren und in Gruppen einzuteilen. Im Gegensatz zur Faktorenanalyse, die zwangsläufig metrische oder dichotomische Daten voraussetzt (zur Berechnung einer Matrix von Korrelationskoeffizienten zwischen den Variablen bzw. Indikatoren der Untersuchung, vgl. IV.2.), kommt die Clusteranalyse auch mit einer Matrix nicht-metrischer Ähnlichkeits- oder Abstandsmasse für alle Paare der zu klassifizierenden Fälle aus, z.B. die Anzahl ähnlicher Merkmale zweier Fälle. Technisch gesehen besteht die Clusteranalyse aus Such- und Sortiervorgängen; jedes Paar der zu klassifizierenden bzw. einzugruppierenden Fälle wird miteinander verglichen, wobei nach und nach ähnliche Paare um zusätzliche Fälle erweitert und zu Gruppen ausgebaut werden. Die zahlreichen verschiedenen Verfahren der Clusteranalyse unterscheiden sich wesentlich nur in den Kriterien der Zuordnung von Fällen zu Gruppen. Bei einer grösseren Zahl von Fällen ist der Rechenaufwand einer Clusteranalyse "von Hand" nicht mehr zu bewältigen, sodass ohne Computerprogramme nicht rationell gearbeitet werden kann.

Vor allem bei vergleichenden Studien kann die Clusteranalyse nützliche Dienste leisten. So haben Frei/Ruloff (1983:59ff.) in einer politologisch-zeitge- schichtlichen Untersuchung zur Entwicklung der "Fronten" in der Konferenz für Sicherheit und Zusammenarbeit in Europa (KSZE) auf inhaltsanalytischem Wege (vgl. V.2.) die Ein- stellung aller 35 beteiligten staatlichen Parteien anlässlich der KSZE-Runden von Helsinki, Belgrad und Madrid ermittelt und diese durch Clusteranalyse zu Gruppen zusammengefasst. Während sich anlässlich des Helsinki-

Treffens (1973-1975) nur ein Cluster von sozialistischen Ländern schwach herausbildete, begann mit dem Belgrader KSZE-Treffen (1977/78) bekanntlich der Streit über Menschenrechtsfragen. Die Untersuchung zeigt jedoch, dass dieser Konflikt zunächst nicht zu einer Polarisierung zwischen Ost und West führte. Vielmehr entstand eine Gruppe von Staaten, die eine vermittelnde Position einnahm; erst zu Ende des Belgrader Treffens lässt sich die polarisierende Wirkung der Menschenrechtsdiskussion nachweisen. Auch die Auseinandersetzungen zwischen den USA und der Sowjetunion anlässlich das KSZE-Treffens von Madrid erzeugten keine Spaltung der Teilnehmerstaaten in Ost und West, sondern riefen wiederum die Vermittlergruppe auf den Plan. Offenbar ist in den kleineren Staaten Europas im Laufe der siebziger Jahre ein starkes Interesse am Funktionieren der KSZE entstanden, das für einen Ausgleich zwischen den kontroversen Grossmachtpositionen sorgt.

Eine weitere, grosse Gruppe recht komplizierter Verfahren der Strukturerkennung wird gesamthaft als multidimensionale Skalierung bezeichnet (eine Einführung findet sich bei Frei/Ruloff 1984:98-102 und Kruskal/Wish 1978). Diese leisten prinzipiell dasselbe wie die Faktorenanalyse bzw. die Clusteranalyse, kommen aber mit nichtmetrischen, also kategorialen oder Rangordnungs-Daten dabei aus. Zudem besteht die attraktive Möglichkeit, für die weitere Analyse aus der multidimensionalen Skalierung metrische Daten zurückzugewinnen. Bick und Müller (1980) führen in ihrer Untersuchung staatlicher Verwaltungstätigkeit in überzeugender Weise vor, wie sich Clusteranalyse und multidimensionale Skalierung kombiniert verwenden lassen. Für den Verwaltungs- bzw. Arbeitsamtsbezirk der Stadt Köln wurden 92 verschiedene staatliche bzw.

städtische Antragsformulare gesammelt und mit Hilfe eines
Erhebungsbogens jeweils festgestellt, welche Art von Daten
die betreffende Behörde von Antragstellern abfordert (insgesamt 85 Kategorien von Personalien über Einkommen, Ausbildung, Beschäfigung bis zur Gesundheit). Bick und Müller
interessierte hauptsächlich, welche Art von Information die
Sozialforschung überhaupt erwarten kann, wenn sie sog.
prozessproduzierte Daten aus staatlicher Quelle verwertet.
Die Clusteranalyse bzw. multidimensionale Skalierung erlaubt
es nun, die Struktur staatlichen Dateninteresses zu
erkennen; so zeigt sich, dass der Staat, was die Lebensumstände der Antragsteller betrifft, nur an zwei allgemeinen
Kategorien von Information interessiert ist: Verwandt-
schaftsverhältnissen und Wohnverhältnissen. Bekanntschaft,
Freundeskreis usw. interessieren nicht.

IV.5. Simultangleichungs-Systeme (ökonometrische Modelle)

In der Ökonometrie werden wirtschaftliche, soziale und politische Zusammenhänge als Systeme linearer oder auch nicht-
linearer mathematischer Gleichungen dargestellt. Die wirt-
schaftspolitische Beratung von Regierungen und Konzernen
bedient sich heute grossenteils ökonometrischer Modelle der
gesamten Volkswirtschaft, in denen die wichtigsten makro-
ökonomischen Variablen (Sozialprodukt, privater und
staatlicher Konsum, private und staatliche Investitionen,
Produktion, Beschäftigung, Preise, Inflation usw.)
mathematisch in Beziehung zueinander gesetzt werden (eine
leicht fassliche Einführung bieten Klein/Young 1980).

Man kann sich diese z.T. ausserordentlich komplexen Modelle als Systeme von Regressionsgleichungen vorstellen, in denen jedoch die Variablen des Systems in verschiedenen Gleichungen einmal auf der linken Seite (als abhängige Variablen) und ein andermal auf der rechten Seite (als unabhängige Variablen) auftreten: So setzt z.B. Klein (1950) in seinem sog. Model I. der amerikanischen Volkswirtschaft (einem einfachen, ökonometrischen Modell für didaktische Zwecke), die privaten Investitionen in Abhängigkeit von den laufenden Profiten und jenen des Vorjahrs; die Profite aber sind eine Funktion der Produktion, die wiederum von der Höhe der getätigten Investitionen abhängt. Wegen dieser gleichzeitig wirkenden Rückkopplungsbeziehungen zwischen verschiedenen Variablen des Modells spricht man auch von diesem als einem System von Simultangleichungen (simultaneous equations).

Die Schätzung der Parameter ökonometrischer Modelle (in der Regel anhand von vierteljährlichen Zeitreihendaten) verläuft im Prinzip ähnlich wie bei der multiplen Regressionsanalyse; üblicherweise wird jedoch in komplizierten, meist schrittweisen Korrekturverfahren der Tatsache Rechnung getragen, dass nicht genau zwischen abhängigen und unabhängigen Variablen unterschieden werden kann. Bereits einfache ökonometrische Modelle sind für die Wirtschaftsgeschichte oft von grossen Nutzen. So zeigte z.B. Klein (1950:135ff.) mit seinem zitierten Model I., wie aus der Struktur der amerikanischen Volkswirtschaft heraus jene Konjunkturschwankungen entstanden, die zur Wirtschaftskrise von 1932 führten (nachgerechnet bei Frei/Ruloff 1984: 466ff.).

Die Schätzung ökonometrischer Modelle setzt für alle
verwendeten Modellvariablen möglichst lange Serien
metrischer Daten voraus; da diese Bedingung aber meist nur
von der Wirtschaftsgeschichte und der historischen
Demographie erfüllt wird, finden sich nur hier historisch
relevante Anwendungen des Verfahrens. Eine auch für die
politische Geschichte interessante Ausnahme ist die
Untersuchung von Choucri und North (1975) zur Rivalität
zwischen den europäischen Mächten 1870 - 1914: "Lateraler"
Druck führte demnach zu kolonialer Expansion mit zunehmender
Überschneidung der Interessen, was wiederum Rüstungsanstrengungen mit weiteren Interessenkollisionen zur Folge
hatte. Choucri und North können mit Hilfe ihres Modells zwar
zeigen, wie sich die politische und militärische
Ausgangslage des Ersten Weltkriegs entwickelte; die
eigentliche Entscheidung des Deutschen Reiches, den Krieg zu
riskieren, kann das Modell selbstverständlich nicht
abbilden.

IV.6. Computer-Simulation

Auch bei der Simulation kontinuierlicher Prozesse mittels
Computer (eine leicht fassliche Einführung zum sog. Systems
Dynamics-Ansatz bietet Forrestor 1972) werden Zusammenhänge
zwischen Variablen als Systeme von Gleichungen (Diffe-
rential- oder Differenzengleichungen) abgebildet und mittels
Computer numerisch gelöst; man verzichtet aber bei dieser
Variante der sog. weichen Modellkonstruktion (soft modeling)
im Gegensatz zu ökonometrischen Modellen darauf, nur solche
Variablen zu verwerten, für die metrische Daten in
ausreichender Menge verfügbar sind. Dies hat zur Folge, dass
sich viele bzw. nicht selten die meisten Parameter eines

Modells nicht statistisch schätzen lassen. Man muss sich deshalb mit sog. Kalibrierungsläufen behelfen, in denen durch Feinjustierung "von Hand" das Modellverhalten einge-regelt wird. Gerade für historische Anwendungen bietet die Computer-Simulation ohne Zweifel einige Vorteile gegenüber anderen Verfahren der Modellkonstruktion, weil die Anfor-derungen an quantitatives Datenmaterial nicht allzu streng sind.

Die Möglichkeiten der Computer-Simulation lassen sich ebenfalls am besten mittels Beispiel beschreiben. Der Autor der vorliegenden Studie hat an anderer Stelle ein Computer-Modell vorgestellt (Ruloff 1984:422ff.), das es erlaubt, den Niedergang der Maya-Gesellschaft zwischen 800 und 950 n.Chr., d.h. das Verschwinden ihrer urbanen Superstruktur, nicht durch exogene Faktoren wie Krieg, Naturkatastrophen, Dürre usw. zu erklären (für die es sämtlichst keine verlässlichen Anhaltspunkte gibt), sondern aus der Struktur der Gesellschaft selbst heraus. Das Modell enthält Gleichungen für Bevölkerungsentwicklung, landwirtschaftliche Produktion, öffentliche Bautätigkeit und Innenpolitik. Da so gut wie keine Datenserien über die Maya zur Verfügung stehen, musste mit Schätzwerten gearbeitet werden, die sich durch Blick auf vergleichbare Entwicklungsländer Mittelamerikas (z. B. bezüglich demographischer Parameter) gewinnen lassen.

Im Zeitraum von etwa 450 bis 650 v. Chr. kommt es gemäss Modellberechnung in der Maya-Gesellschaft zu einer Wachstumskrise, die ihre Ursachen in einer Überlastung der agrarischen Wirtschaftsbasis durch sukzessive Intensivierung der öffentlichen Bautätigkeit hat. Die eigentümliche politische Struktur des Maya-Reiches führt nun dazu, dass der sich abzeichnenden Krise nicht mit verstärkten Anstrengungen in der Nahrungsmittelproduktion, sondern mit forcierter Bautätigkeit der verschiedenen halbautonomen, miteinander um knapper werdende Ressourcen konkurrierenden Städte begegnet wird. In der Folge verschärfter Spannungen kommt es gemäss Modell zu einer Revolution, in deren Verlauf die dünne, städtische Beamten- und Priesterschicht beseitigt wird; in der verfügbaren Zeit war es dieser nicht gelungen, umzudenken und der Herausforderung mit einer kollektiven Anstrengung zu begegnen. Die ländlichen Strukturen der Maya (lay culture) existieren zwar weiter (bis in die Gegenwart hinein), hinterlassen aber nicht jene z.T. monumentale Architektur, die man mit dem klassischen Reich der Maya verbindet. Dies ist eine mögliche Geschichte des Niedergangs der Maya, d.h. Mutmassung, die von den archäologischen Befunden allerdings gestützt wird. Gegenüber anderen Geschichten, die mangels Quellen ebenso spekulativ sind, zeichnet sich die Computer-Simulation dadurch aus, dass hier mit mathematischer Präzision spekuliert wird.

IV.7. Künstliche Intelligenz

Als künstliche Intelligenz (artificial intelligence) bezeichnet man heute eine grosse Zahl in den letzten etwa 20 Jahren entwickelter Verfahren, die menschliches Problemlösungsverhalten und -vermögen (Erkennen, Erinnern, Lernen, Entscheiden usw.) mit Hilfe von Computerprogrammen imitieren. Einen umfassenden Überblick zum Stand der Forschung geben Barr et. al. (1982); einige Anwendungsbeispiele aus der internationalen Politik, die teilweise auch für den Historiker relevant sind, werden bei Anderson und Thorson (1982) sowie Sylvan/Chan (1984) besprochen. Interessant für die Historie sind vor allem die Untersuchungen von Alker, Bennet und Mefford (1980) zur Sicherheitspolitik, denn in den "intelligenten" Entscheidungsmodellen von Alker und seinen Mitarbeitern wird historische Erfahrung verarbeitet und über Analogieschlüssen auf aktuelle Probleme übertragen.

Ein weiteres Anwendungsgebiet künstlicher Intelligenz ist die Konstruktion und der Betrieb sog. Expertensyteme (expert systems). Expertensysteme sind Computersysteme (Software und Hardware), die wissenschaftliches Fachwissen, also Faktenwissen und theoretisches Wissen, speichern und für spezielle Problemlösungen aufarbeiten (vgl. Michie 1981 und Feigenbaum 1983). Expertensystemen enthalten meist sehr umfangreiche Datenbanken oder Datenbasen (vgl. V.7.), aber sie sind selbst mehr als nur Sammlungen von theoretischem Wissen und Fakten; Expertensysteme ermöglichen dem Benutzer bei Zugriff auf ein Expertensystem nicht nur Zugang zu gespeichertem Wissen, sondern arbeiten dieses Wissen zu einer Auswahl von Problemlösungsmöglichkeiten auf, unter denen der Benutzer auswählen kann. Was die technische Seite von Expertensystemen betrifft, so sind also zwei Aspekte zu unterscheiden: erstens die Speicherung von Information (theoretischem Wissen und Faktenwissen) in einer Weise, die einfache Auswahl und Zugriff ermöglicht; und zweitens die Kombination von theoretischem Wissen und Faktenwissen zu Problemlösungsvorschlägen. Der zweite Aspekt ist dabei eindeutig der anspruchsvollere. Man geht dieses Problem heute unter Anwendung von Verfahren der künstlichen Intelligenz an, z.B. mit listenverarbeitenden Programmiersprachen (list processing), die es erlauben, Lernen zu imitieren. Expertensysteme werden auf diese Weise in die Lage versetzt, sich an erfolgreiche Problemlösungen zu erinnern und diese auf neue Probleme zu übertragen.

Expertensysteme sind gegenwärtig im kommerziellen und wissenschaftlichen Bereich verschiedentlich in Anwendung, z.B. als Diagnosehilfe für die Medizin, bei der Auswertung geologischer Befunde, bei der Steuerberatung usw. Die Errichtung und der Betrieb von Expertensystemen ist ausserordentlich aufwendig und mithin teuer. Zudem stehen Expertensystem immer in direkter Konkurrenz zu wissenschaftlichen Fachexperten, denen sie bis heute nur im Teilbereich der Informationsspeicherung überlegen, in der Informationsaufbereitung aber eindeutig unterlegen sind. Im Gegensatz zu Fachexperten können Expertensystem jedoch gleichzeitig von einer grossen Zahl von Benutzern konsultiert werden (time sharing). Sie werden sich also nur dort durchsetzen, wo der Bedarf an Expertise sehr gross ist und die Kosten für Aufbau und Betrieb des Expertensystems auf viele Benutzer verteilt werden können und dadurch jene für die Beschäftigung oder auch nur Konsultation eines Fachexperten unterbieten.

Im historischen Bereich sind bis heute nur wenige Versuche unternommen worden, Expertensysteme aufzubauen, und diese sind über mehr oder weniger umfangreiche Pilotstudien nicht hinausgekommen. So wurde beispielsweise in der Bundesrepublik Deutschland mit Geldern der Henkel-Stiftung (Düsseldorf) ein Expertensystem für numismatische Fragen entwickelt, das bei Spezifizierung von Merkmalen eines Münzfundes eine Bestimmung der Münze nach ,Herkunft, Zeit usw. vornahm. Grundlach und Lückerath (1976) haben in exemplarischer Weise vorgeführt, dass sich historisches

Wissen generell in einer Weise aufbereiten lässt, die den Aufbau von Expertensystemen erlaubt. Anders als in der kommerziellen Praxis, wo für verschiedene Anwendungen tendenziell ein Markt besteht, der Aufbau und Betrieb von Expertensystemen lohnend erscheinen lässt, wird sich in der Historie jedoch das Instrument des Expertensystems kaum durchsetzen lassen, weil die Nachfrage zu gering ist. Am ehesten werden sich Expertensysteme für wissenschaftliche (also auch historische) Anwedungen in der Zukunft als intelligente "Interfaces" zu Datenbanken populär machen lassen, vor allem bei der Literaturrecherche (vgl. V.7.).

IV.8. Computer und Historische Sozialforschung

Die Historische Sozialforschung bedient sich in zunehmendem Masse der elektronischen Datenverarbeitung als Hilfsmittel, was wiederum wissenschaftlichen Produktivitätsgewinn er- bringt und verschiedene Methoden überhaupt erst praktikabel macht; es wäre jedoch vollkommen irreführend, bezüglich des Einsatzes der elektronischen Datenverarbeitung in Geschichte und Historischer Sozialforschung einen qualitativen Wandel oder eine wissenschaftliche Revolution zu erwarten oder zu befürchten. Der Computer ist weder Fetisch der Historischen Sozialforschung noch deren einziges "Stand- bein", ein falscher Eindruck, der in den Anfängen Histo- rischer Sozialforschung verschiedentlich erzeugt worden ist (vgl. die Beiträge von Smelser/Davisson und Thernstrom in Swierenga 1970); auch ein Schriftsteller an einem Textverar- beitungsgerät schreibt nicht unbedingt besser als sein Kollege, der auf diese Segnung der modernen Elektronik verzichtet - er schreibt höchstens mehr und schneller.

Wie bei jeder Form empirischer Forschung, die grössere Mengen von Daten liefert und diese auswerten muss, tritt auch in der Historischen Sozialforschung das Problem der Informationsspeicherung und -verarbeitung auf. Die meisten der vorher genannten Analyseverfahren lassen sich im Prinzip auch mit Papier und Bleistift bewältigen, sogar ein so aufwendiges Verfahren wie die Faktorenanalyse (vgl. die Rechenbeispiele in Überla 1971). Bei grossen Mengen von Daten wird deren Auswertung "von Hand" jedoch umständlich und vor allem fehleranfällig. Auch lassen sich aufwendige Dokumentations- und Sortierprobleme, z.B. im Zusammenhang mit der Familienrekonstruktion oder der Datenzusammenführung (record linkage) durch den Einsatz der elektronischen Datenverarbeitung drastisch vereinfachen. Für die meisten Anwendungen (Statistik, Simulation, Dateiverwaltung usw.) wird durch die Rechenzentren der Universitäten die nötige Software zur Verfügung gehalten und meist auch Unterstützung bei deren Einsatz gewährt. Anlässlich einer beeindruckenden Demonstration der Datenverarbeitungsmöglichkeiten an der Universität von Michigan (Ann Arbor) zu Ende der sechziger Jahre soll Le Roy Ladurie bemerkt haben, der Historiker der Zukunft werde wohl Programmierer oder eben nichts sein (Rabb 1983:591). Das genaue Gegenteil ist aber eingetreten; moderne Software wird heute mit Hilfsfunktionen, Befehlsauswahl-Hilfen (sog. Menüs) und komfortablen Fehlerdiagnosen in einem Masse benutzerfreundlich gestaltet, das noch vor wenigen Jahren unvorstellbar war.

Das Repertoire der Anwendungsmöglichkeiten elektronischer Datenverarbeitung wird in Zukunft noch anwachsen. So ist der Zugriff auf Datenbanken bzw. Datenbasen über Datenfernübertragung (DFÜ), z.B. zu Zwecken der Literaturrecherche (vgl. V.7.) inzwischen routinemässig möglich, wenn teilweise auch noch umständlich und vor allem teuer, was die Abonnementskosten dieser Datenbanken und, bei Benutzung von gewöhnlichen Fernsprechleitungen für die DFÜ, die anfallenden Telephongebühren betrifft. Sobald die DFÜ-Netzwerke (Datex-P in Deutschland und Österreich, Telepac in der Schweiz) sich im wissenschaftlichen Bereich durchsetzen, wird auch der Zugriff auf Datenbanken und Datenbasen für die Historische Sozialforschung an Attraktivität gewinnen.

Zusätzlichen Auftrieb hat die elektronische Datenverarbeitung durch die Verbreitung von Personal Computern erhalten, einerseits als Alternative zu bzw. im Verbund mit Grosscomputern, anderseits aber auch dadurch, dass jetzt allen jenen zumindest einige der Möglichkeiten elektronischer Datenverarbeitung offen stehen, die keinen Zugang zu den Rechenzentren der wissenschaftlichen Institutionen besitzen. Personal Computer-Versionen der populären Software-Pakete, die schon zwei bis drei Generationen von Sozialwissenschaftlern auf Grosscomputern mit Erfolg benutzt haben (SPSS, SAS usw.), sind inzwischen auf dem Markt.

V. NEUE DATEN UND NEUE QUELLEN

V.1. Einleitung

Nach allgemeinem Verständnis sind die Grenzen quantitativer Methoden in der Historie dort erreicht, wo es nichts mehr zu messen oder zu zählen gibt, d.h. bei Textquellen, also Schriftstücken, Akten, Briefen, Reden usw. Diese Meinung ist jedoch falsch. Inzwischen sind Verfahren entwickelt worden, auch derartiges Quellenmaterial für den Zugriff quantitativer Methoden aufzubereiten. Um diese Verfahren geht es zunächst in den folgenden Ausführungen. Dabei ist gleich zu Beginn klarzustellen, dass diese Verfahren, also Inhaltsanalyse, Ereignisanalyse, Analyse prozess-produzierter Daten und "cognitive mapping", die herkömmlichen historischen Verfahren der Quellenkritik und Textinterpretation nicht verdrängen wollen und auch dazu kaum in der Lage sind. Sie erschliessen dem Historiker vielmehr zusätzliche Informationsgehalte seiner Quellen und leiten deren Interpretation an. Darüber hinaus wird es erst durch Instrumente wie den Erhebungsbogen technisch tragbar, homogenes Quellenmaterial in grossen Massen aufzuarbeiten. Dies ermöglicht es erst, anstelle eklektisch ausgewählter, vermeintlich typischer Einzelquellen mit repräsentativen Stichproben des Quellenmaterials zu arbeiten. Die Aufbereitung quantitativer Datenbestände wird für die Historische Sozialforschung insgesamt jedoch erst durch die Bereitstellung des Materials für einen grösseren potentiellen Benutzerkreis interessant. Hier kann sich die Historische Sozialforschung der bestehenden Infrastruktur sozialwissenschaftlicher Datenbanken bedienen.

V.2. Inhaltsanalyse

Der Begriff "Inhaltsanalyse" wurde in Analogie zum englischen "content analysis" gebildet und bezeichnet eine Gruppe von Datenerhebungsverfahren, die, im Gegensatz zur Datengewinnung mittels Befragung oder Auswertung quantitativer Quellen, nicht-quantitatives Quellenmaterial auf interessierende Merkmale hin untersuchen und diese in quantitatives Datenmaterial umformen. Die meisten Verfahren, die der Umsetzung von Texten in quantitative Daten dienen, werden der Inhaltsanalyse zugerechnet.

Inhaltsanalyse ist aber dem Verständnis der Sozialforschung zufolge mehr. Nach einer Definition von Berelson und Lazarsfeld (1952:143) befassen sich inhaltsanalytische Verfahren mit der "objektiven, systematischen und quantitativen Beschreibung des manifesten Inhalts von Mitteilungen aller Art". Darunter fällt also auch die Auswertung von Filmmaterial und Material der elektronischen Medien. Auch muss es sich hierbei nicht unbedingt um geschriebene oder gesprochene Texte handeln. Auch Bildmaterial und die Art seiner Präsentation kann für die Auswertung durch die Sozialforschung von Interesse sein. In diesem Zusammenhang soll es aber lediglich um die Inhaltsanalyse im engeren Sinne gehen, d.h. um die Auswertung von Texten bezüglich ihrer manifesten Inhalte, also jener Information, die Texte abgesehen von ihrer Aussage und den damit verknüpften Intentionen des Verfassers "hergeben"; damit verbunden ist die Hoffnung, auf diese Weise Informationen zu erhalten, die über das hinausgehen, was sich durch herkömmliches Textverständnis und Quellenkritik erschliessen lässt. Über die Analyse manifester Textmerkmale möchte die Inhaltsanalyse also latente Information erschliessen.

Wie andere Methoden der empirischen Sozialforschung auch, z.B. die statistische Datenanalyse, hat die Inhaltsanalyse ihre eigene Geschichte und ihren eigenen theoretischen Hintergrund. Bereits in der Spätantike wurden für Bibeltexte Worthäufigkeits-Statistiken entwickelt (Merten 1983:35), allerdings zu dem eher prosaischen Zweck, die Leistung der Schreiber, die Bibelkopien herstellten, mühelos nach getaner Arbeit ermitteln zu können: Man entlohnte sie nach Zahl der geschriebenen Buchstaben und berechnete für diese einen Schätzwert, um sich das Nachzählen zu ersparen. Die ersten seriösen Inhaltsanalysen entstanden um die Jahrhundertwende in den USA und dienten dem Zweck, in systematischer Weise Zeitungen auf Schwerpunkte ihrer Berichterstattung (Editorials, Religiöses, Wissenschaft, Politik, Skandale usw.) hin zu vergleichen (Krippendorf 1980:13ff; Merten 1983:36f.). Zum anerkannten wissenschaftlichen Instrument wurde die Inhaltsanalyse jedoch erst in den dreissiger und vierziger Jahren, wobei die Inhaltsanalyse, wie andere Bereiche der amerikanischen Sozialforschung auch, dem Zweiten Weltkrieg entscheidende Impulse verdankte: Morris Janowitz, Daniel Lerner, Ithiel de Sola Pool und andere Forscher erhielten 1939 von der Regierung der USA den Auftrag zur wissenschaftlichen Untersuchung feindlichen Propagandamaterials. Sie nutzen diese Gelegenheit und legten mit ihrer Arbeit die Grundlagen auch der modernen Inhaltsanalyse.

Abgegrenzt wird die Inhaltsanalyse mit der genannten Definition einerseits gegenüber den herkömmlichen historischen Verfahren der Quelleninterpretation und -kritik, die sich wesentlich mit dem pragmatischen Aspekt von Texten auseinandersetzen (was bezweckte der Verfasser?), anderseits auch gegenüber allen Verfahren, die lediglich die in Texten präsentierte Information systematisieren, indem sie diese mit Hilfe präziser Erhebungs- und Kodierverfahren in quantitatives Datenmaterial "übersetzen"; die wichtigsten Verfahren dieser Art, auf die im Anschluss gesondert eingegangen wird, sind "cognitive mapping", die Bearbeitung prozess-produzierter Daten mittels Erhebungsbogen und die Ereignisanalyse.

Eine systematische Gesamtdarstellung aller inhaltsanalytischen Verfahren kann hier aus Platzgründen nicht geleistet werden (vergl. dazu Merten 1983:115), ebenfalls keine Einführung in ihre Techniken (dazu z.B. Krippendorf 1980; Früh 1981). Der folgende kurze Überblick beschränkt sich vielmehr auf eine Beschreibung der wichtigsten, in diesem Zusammenhang relevanten Verfahren, wobei nach Art und Aufwand der eingesetzten Mittel, d.h. von einfachen zu komplizierten Verfahren, vorgegangen wird. Es versteht sich, dass die Wahl der Mittel und der damit verbundene Aufwand zu einem nicht geringen Teil auch von den Zielen der Untersuchung bestimmt wird.

Das einfachste inhaltsanalytische Verfahren ist die Ermittlung der durchschnittlichen relativen Worthäufigkeiten pro Kontexteinheit (Satz, Abschnitt, Textelement grösserer Länge) eines Quellentextes. Da die Wortwahl ein charakteristisches Stilmerkmal darstellt, lassen sich Wortäufigkeits-Statistiken bereits dazu benutzen, die Frage der Autorenschaft bei Texten abzuklären, d.h. fragliche Texte bestimmten Autoren zuzuschreiben bzw. Fälschungen aufzudecken.

Das Verfahren lässt sich noch verfeinern, wenn weitere Kennwerte für den Text ausgezählt werden, z.B. Zahl der Wörter oder Silben pro Satz, Verhältnis der Zahl von Haupt- zu Nebensätzen, usw.. Die Ermittlung derartiger allgemeiner und häufiger Stilmerkmale (Paisley 1964: "major encoding habits") ist allerdings sehr aufwendig, wenn sie "manuell" geschieht. Ein Ausweg besteht nun darin, auf die Beobachtung spezieller Stilmerkmale ("minor encoding habits"), also individuelle Eigenheiten von Autoren, auszuweichen, z.B. ungewöhnliche Ausdrucksweisen, Dialektfärbungen usw.

Die Worthäufigkeits-Analyse wird zur sog. Wortanalyse (Merten 1983:133f.), wenn bei der Auszählung von Worthäufigkeiten zusätzlich auch Wortbedeutungen berücksichtigt werden. Dies kann prinzipiell auf zwei Arten geschehen: Entweder unter Verwendung eines Thesaurus, d.h. eines Lexikons, das alle Wörter einer Sprache einem bestimmten Bedeutungsfeld zuordnet (Krippendorf 1980:124f.); oder aber durch Verwendung eines inhaltsanalytischen Wörterbuchs, das man allerdings selbst entwickeln muss. Zu diesem Zweck wird man die Fragestellung der Untersuchung zunächst in ein System von Kategorien (Variablen der Inhaltsanalyse) umformen. Wenn das Image eines Politikers, wie es die Presse erzeugt, durch Analyse von Leitartikeln ermittelt werden soll, so wären z.B. Zuverlässigkeit, Weitblick, Enschlusskraft, Kompetenz usw. (vgl. Merten 1983:30) sinnvolle Kategorien. In einem sog. Wörterbuch (dictionary der Inhaltsanalyse) werden schliesslich jene Schlüsselwörter (key-words) aufgeführt, die auf entsprechende Kategorien verweisen (deren Vorhandensein bzw. Abwesenheit im Text andeuten). So würde man z.B. "Wissen" und "Erfahrung" der Kategorie "Kompetenz" zuordnen. Die Auswertung von Texten verläuft bei Verwendung eines

Thesaurus bzw. eines selbst entwickelten Wörterbuchs auf dieselbe Weise: Durch Auszählen der Schlüsselwörter und Ermittlung des auf die entsprechenden Kategorien bzw. Bedeutungsfelder des Thesaurus entfallenden Anteils lässt sich in Zahlen (z.B. Prozentsätzen) darstellen, welches Gewicht im Text den Kategorien der Untersuchung bzw. den aufgetretenen Bedeutungsfeldern beigemessen wird.

Eine entscheidende Schwäche des vorher beschriebenen Verfahrens besteht offenbar darin, dass es zwar Aufschlüsse erbringt, welchen Kategorien im untersuchten Text welches Gewicht beigemessen wird (über die Häufigkeit der entsprechenden Schlüsselwörter im Text), aber weder Aussagen über ihre Bewertung (z.B. gut oder schlecht) noch die Beziehungen zwischen diesen erlaubt. Zur Lösung derartiger Problem bedarf es allerdings eines etwas grösseren Aufwands. Die zuerst von Osgood et. al. (1956) entwickelte Aussagen-berwertungs-Analyse (evaluative assertion analysis) bestimmt für die zu untersuchenden Texte zunächst die Einstellungs-Kategorien (attitude objects), also jene Begriffe oder Bedeutungsfelder, deren Bewertung durch die Autoren der zu untersuchenden Texte interessiert. In einem nächsten Schritt werden die zugehörigen Schlüsselwörter im Text identifiziert und "maskiert", d.h. durch unverfängliche Begriffe ersetzt (z.B. "Sowjetunion" durch "Land X"), und im Kontext jenes Satzes, in dem sie auftreten, notiert. Diese Sätze können zur Beschleunigung der nachfolgenden Arbeiten auch verein-facht werden, wenn ihr Sinn damit nicht entstellt wird. Im Prinzip sollte in den herausgegriffenen Sätzes des Textes jeweils ein "maskierter" Begriff über ein Verb mit einem bewertenden Adjektiv verknüpft sein, oder mit einem anderen "maskierten" Begriff, der im Textzusammenhang ebenfalls eine

Bewertung erhält; z.B.: "Land X (die Sowjetunion) betreibt Politik A" (Aufrüstung) - "Politik A (Aufrüstung) ist gefährlich". Schliesslich werden alle Verben nach Intensität bezüglich ihrer verknüpfenden Wirkung und alle Adjektive nach Intensität ihrer (positiven oder negativen) Bewertung skaliert, d.h. durch Kodierpersonal eingestuft (aus diesem Grund die "Maskierung" der Einstellungsobjekt, deren Bewertung ermittelt werden soll). Die Intensität der (negativen oder positiven) Bewertung eines der interessierenden Begriffe erhält man durch Multiplikation der Skalenwerte für das zugehörige Verb mit jenem des zugehörigen Adjektiv (bzw. des zweiten Begriffs, dessen Bewertung allerdings vorweg bereits ermittelt sein muss). Je nach Anzahl der Bewertung desselben Begriffs in einem Text können die ermittelten Werte auch kumuliert werden.

Zusammenhänge zwischen den interessierenden Kategorien eines Textes lassen sich auf verschiedene Weise ermitteln. So kann man selbstverständlich untersuchen, ob der Autor eines Textes selbst z.B. kausale Zusammenhänge behauptet (A bedeutet, dass B folgt.."). Das "cognitive mapping" (vergl. unten) geht im Prinzip genauso vor; zur Inhaltsanalyse wird dieses Verfahren jedoch nicht gerechnet, weil es nicht manifeste Textmerkmale auswertet, sondern eine Textinterpretation impliziert. Ein sehr einfaches, nur auf manifeste Textmerkmale gestütztes Verfahren besteht nun darin, von der Häufigkeit des simultanen Auftretens der Kategorien im Text auf Zusammenhänge zwischen diesen zu schliessen. Die von Osgood bereits vor über 25 Jahren entwickelte Kontingenzanalyse (Osgood 1959) geht z.B. davon aus, dass die Kategorien eines Textes in diesem jeweils mit einer spezifischen Häufigkeit auftreten. Die ermittelten, für jeden Text selbstverständlich verschiedenen Worthäufigkeiten werden von Osgood nun probabilistisch gedeutet: Die Wahrscheinlichkeit, dass innerhalb einer Kontexteinheit zwei Begriffe gemeinsam auftreten, entspricht nach Osgood dem Produkt ihrer relativen Häufigkeiten. Tritt z.B. Kategorie A mit einer durchschnittlichen Häufigkeit von $p=0.7$ auf und Kategorie B mit einer durchschnittlichen Häufigkeit von $p=0.3$, so beträgt die Wahrscheinlichkeit ihres gemeinsamen Auftretens $p=0.21$. Durch Vergleich dieses Erwartungs- oder theoretischen Wertes mit den tatsächlich ermittelten Häufigkeiten des gemeinsamen Auftretens von Kategorien lassen sich nun assoziative bzw. dissoziative Beziehungen zwischen Kategorien aufdecken. Für Paare von Kategorien lassen sich aber auch Statistiken, z.B. Korrelationskoeffizienten, berechnen, wenn deren Häufigkeit für eine genügend grosse Anzahl von Kontexteinheiten (Fällen der Analyse) ermittelt worden ist.

Für die Berechnung der Dichte des Zusammenhangs zweier Kategorien lassen sich auch Merkmale ihres Auftretens im Textzusammenhang verwenden. Die sog. Bedeutungsfeld-Analyse und ähnliche Verfahren (vgl. Weymann 1973; Lisch 1979) gehen wie der psychologische Assoziationstest davon aus, dass Begriffe als Stimuli die mit ihnen verknüpften Bedeutungs-felder "aktivieren", die wiederum an den verbalen Reaktionen (responses) näher untersucht werden können. Auch Texte können aus dieser Perspektive als Abfolge von Stimuli und damit assoziierten Responses begriffen werden. Kriterium eines engen Zusammenhangs zwischen zwei Kategorien ist jedoch nicht ihr simultanes Auftreten, sondern die Anzahl gemeinsamer Responses (Nennungen anderer Kategorien), die sie erzeugen. Alle Verfahren, die Beziehungen zwischen den Kategorien eines Textes aufdecken, liefern zunächst allerdings nur Hinweise auf den möglichen Zusammenhang zwischen Paaren von Kategorien. Wenn die Untersuchung eine grosse Zahl von Kategorien umfasst, wird überlicherweise die Matrix der ermittelten Ähnlichkeits- oder Assoziationsmasse mit Hilfe von Strukturerkennungsverfahren (Faktorenanalyse, Clusteranalyse, multidimensionale Skalierung) geprüft. Diese Verfahren ermöglichen es, Gruppen von einzelnen Kategorien zu Bedeutungsfeldern oder inhaltlichen Dimensionen des Textes zusammenzufassen.

Nur in wenigen Fällen ist es möglich, die Gesamtheit des relevanten Quellenmaterials im Rahmen einer Untersuchung inhaltsanalytisch zu behandeln, also eine sog. Vollerhebung durchzuführen. Das Problem ist allerdings in der Sozialforschung, besonders der Medien- und Massenkommunikationsforschung, gravierender, als in der Historischen Sozialforschung. Die Jahresauflage einer "typischen" Tageszeitung enthält z.B. mehr als 40 Millionen Wörter; eine einzige Ausgabe eines Nachrichtenmagazins (Time, Newsweek usw.) umfasst etwa 45'000 Wörter (Kops 1977:4). Auswahl ist hier also notwendig. Die bekannten Verfahren der bewussten Auswahl und Zufallsauswahl, wie sie in anderen Bereichen der empirischen Sozialforschung verwendet werden (vgl. v. Alemann 1977:88ff.), sind inzwischen für die Bedürfnisse der Inhaltsanalyse angepasst worden (vgl. Kops 1977). Bei historischen Anwendungen der Inhaltsanalyse ist meist jedoch nicht die Menge des Quellenmaterials das Problem, sondern dessen Mangel oder Heterogenität. Auf strikte Vergleichbarkeit des analysierten Quellenmaterials ist in diesem Falle besonders zu achten.

Jede Datenerhebung und -auswertung, auch die Inhaltsanalyse, hat der Frage ihrer Verlässlichkeit (Reliabilität) und Gültigkeit (Validität) besondere Beachtung zu schenken.

Die Verlässlichkeit der Datengewinnung in der Inhaltsanalyse wird vor allem dann ein Problem, wenn dabei menschliche Fähig- und Fertigkeiten eine bedeutende Rolle spielen (die eigenen des Forschers oder die von Hilfspersonal), z.B. zum Zählen von Wörtern oder Skalieren von Begriffen. Da Irren ebenfalls menschlich ist, bedarf es der Kontrolle durch verschiedene Tests (vgl. Krippendorf 1980:129ff.). Die Gültigkeit der erhobenen Daten und damit auch die Gültigkeit der Resultate der Untersuchung hängt vollkommen vom Instrument der Datengewinnung und dessen Qualität ab. Bei der Entwicklung eines Systems von Kategorien für die Inhaltsanalyse ist z.B. auf die gegenseitige Ausschliesslichkeit (Trennschärfe) der Kategorien zu achten. Das gesamte Kategoriensystem sollte den interessierenden Sachverhalt erschöpfend widerspiegeln. Man wird das Kategoriensystem der Untersuchung und erst recht das Wörterbuch deshalb zunächst in Pilotstudien an geeigneten Texten entwickeln und testen; in der Regel kommt man nicht umhin, beides im Verlauf der Untersuchung zudem zu revidieren. Zur Prüfung der Validität einer Inhaltsanalyse (innere, äussere, semantische, pragmatische Validität usw.) sind ebenfalls eine Anzahl von Verfahren entwickelt worden (vgl. Krippendorf 1980:156ff.), auf die hier nicht näher eingegangen werden kann.

Das bei jeder Form der Datengewinnung auftretende Problem, Aufwand und Ertrag in einem vertretbaren Verhältnis zu halten, stellt sich in der Inhaltsanalyse ohne Zweifel mit besonderer Dringlichkeit. Da die Auswertung von Texten in den allermeisten Fällen lediglich "mechanische" Fähigkeiten (Erkennen von Wörten, Identifikation mit den entsprechenden Kategorien eines "Wörterbuchs", Zählen usw.) verlangt, liegt es nahe, für diese Zwecke die elektronische

Datenverarbeitung zu verwenden. Bereits in den sechziger Jahren wurde Inhaltsanalyse-Software entwickelt und angewandt. Die beiden bekanntesten Systeme der ersten Generation inhaltsanalytischer Software sind der GENERAL INQUIRER (vgl. Stone et. al. 1966) und WORDS/SELECT (vgl. Iker 1974/75 und Iker/Klein 1974). Der GENERAL INQUIRER arbeitet mit einen Wörterbuch und liefert hauptsächlich Angaben über Worthäufigkeiten; das Programm unterstützt den Anwender bei der Entwicklung und "Ausbesserung" seines Wörterbuchs mit Hinweisen auf nicht verwendete Wörter (leftover lists) und präsentiert auf Bedarf auch alle Schlüsselwörter in ihrem jeweiligen Satzzusammenhang (key-word-in-context). WORDS/SELECT arbeitet ohne Wörterbuch; in mehreren Schritten ermittelt das Programm zunächst die Häufigkeit aller Wörter eines Textes, berechnet die Korrelation zwischen den häufigsten Wörtern und führt schliesslich eine Faktorenanalyse durch, die dem Benutzer als Endresultat die wichtigsten inhaltlichen Dimensionen des Textes liefert. Da heute jede anspruchsvollere Textverarbeitungs-Software für Gross- und auch Personal Computer (z.B. Script, Wordstar, Words usw.) automatisch Register erstellt oder zumindest das Suchen und Zählen von Wörtern ermöglicht, ist die automatische Inhaltsanalyse von Texten inzwischen auch ohne besondere Vorkenntnisse und grossen technischen Aufwand möglich - allerdings auch nur für den Fall, dass der Text in maschinenlesbarer (oder zumindest gedruckter) Form vorliegt oder leicht in diese gebracht werden kann (mit Hilfe von Beleglesern). Alle übrigen Texte müssen abgeschrieben werden, was erheblichen Aufwand verlangt.

Ein Ausweg aus dem Kosten-Nutzen-Dilemma der Inhaltsanalyse besteht darin auf "weiche" Verfahren auszuweichen, in denen auf ein inhaltsanalytisches "Wörterbuch" (dictionary) verzichtet und ein Kategoriensystem zwar entwickelt wird, aber nur mehr die Funktion einer Checkliste für die Interpretation von Quellen besitzt (vgl. z.B. Frei 1984). Dieses Verfahren erkauft den Vorteil drastisch geringeren Aufwands allerdings mit dem Verzicht auf "harte" (quantitative) Daten, was eine weiterführende statistische Analyse des gewonnenen Datenmaterials dann ausschliesst.

Hauptsächlicher Anwendungsbereich der Inhaltsanalyse ist selbstverständlich die Meinungs- und Medienforschung. Ein nicht geringer Teil der bis heute publizierten Arbeiten betrifft jedoch auch historische Probleme oder ist zumindest für den Historiker von Interesse. In diesem Zusammenhang kann nur auf die folgenden wenigen Beispiele dieser Art hingewiesen werden. Allgemein stellt sich für den Historiker die Frage, ob das Instrument der Inhaltsanalyse und die damit gewonnenen quantitativen Daten im Vergleich mit herkömmlicher, geschulter Quelleninterpretation den doch erheblichen Aufwand lohnen. In der Regel bestätigen die inhaltsanalytisch gewonnenen Informationen über die Vorstellungswelt des entsprechenden Autors in der Tat wohl nur jenen Eindruck, den aufmerksames Lesen auch erbringen kann, wenn auch in systematischer Weise und mit grösserer Präzision; es kommt jedoch auch vor, dass interessante Fakten durch die Inhaltsanalyse erst zutage treten, die herkömmliche Textinterpretation nicht zu erschliessen vermag. Unverzichtbar ist die Inhaltsanalyse für die Echtheitsprüfung von Texten und die Autorenbestimmung bei anonymen Schriften.

Bahnbrechend war hierbei die Untersuchung eines Haupt-werkes der spätmittelalterlichen Mystik, der vierbändigen

"Nachfolge Christi" ("De Imitatione Christi"), durch Yule (1944:221-285, beschrieben bei Merten 1983:122ff.). Die Forschung schrieb den Text sowohl dem Augustiner Thomas von Kempen (1379-1471), als auch Jean Charlier de Gerson (1363-1429), dem Kanzler der Universität Paris und Hauptverfechter des Konziliarismus, zu. Durch Vergleich der Häufigkeit nicht-biblischer Substantive und der Häufigkeit ihres simultanen Auftretens (Kontingenz) im fraglichen Text mit entsprechenden Werten für bekannte Schriften der beiden Autoren konnte Yule nachweisen, dass mit sehr grosser Wahrscheinlichkeit Thomas von Kempen der Autor sein muss.

In seiner Inhaltsanalyse der Tagebücher von Goebbels machte Osgood (1959:69) die Entdeckung, dass die Bedeutungskomplexe, die sich einerseits auf Schwierigkeiten im inneren Kreis Hitlers und anderseits auf den Generalstab beziehen, signifikant assoziativ verbunden sind, obschon der Text selbst keinen Hinweis auf eine Beziehung zwischen beidem enthält; der Propagandaminister scheint also unbewusst Zusammenhänge erkannt zu haben, die er explizit nicht formulieren konnte (oder aber seinem Tagebuch nicht anvertrauen wollte). Assoziativ verknüpft ist bei Goebbels ebenfalls die Einschätzung der Kriegsgegner als militärisch Schwach einerseits und "rassisch" minderwertig anderseits. Grossbritannien, dem weder militärische Schwäche (namentlich nach dem Ausgang der Luftschlacht um England) noch "rassische" Mängel unterstellt werden konnte, ist folgerichtig mit dem "Rasse"-Konzept dissoziativ verknüpft: Was nicht ins Schema passte, verdrängte Goebbels oder verschwieg es (auch sich selbst). Osgoods Studie zeigt, wie Propaganda auch auf den zurückschlägt, der sie selbst erzeugt, indem sie seine eigene Gedankenwelt verwirrt.

Historiker haben oft die Meinung vertreten, in den britischen Kolonien Nordamerikas sei, als Voraussetzung der amerikanischen Revolution, eine eigene amerikanische Identität entstanden, die schliesslich den Bruch mit dem Mutterland überhaupt erst tragbar machte. Die inhaltsanalytische Untersuchung von Merritt (1976) zeigt zwar, dass eine genuin amerikanische Identität in den Kolonien mit der Zeit entstand; aber dies war entgegen mancher Meinung kein naturwüchsiger, normaler Vorgang. Merritt untersuchte 20 Zeitungen, die in den am dichtest besiedelten Regionen der amerikanischen Ostküste (Boston, New York City, Philadelphia, Williamsburg und Charleston) zwischen 1735 und 1775 erschienen. Es wurde nun die Häufigkeit und Verteilung jener Symbole ermittelt, die auf eine gemeinsame Identität der Bewohner der Kolonie verweisen (z.B. dadurch, dass diese als "Amerikaner" bezeichnet werden). Dabei zeigte sich nun, dass sich dieses Gefühl der Zusammengehörigkeit einem eigentlichen "Lernprozess" (Merritt) verdankte: Die Identitätsfindung erhielt durch diskriminierende Auswirkungen britischer Kolonialpolitik immer wieder neue Impulse, wurde durch die Auseinandersetzungen mit Frankreich aber jeweils wieder gebremst. Die Amerikaner wurden also nicht durch die Distanz dem Mutterland entfremdet; der britische Zentralismus entfremdete sich vielmehr seine Untertanen in den amerikanischen Kolonien selbst, und zwar durch unüberlegte Vorschriften, hohe Steuern und diskriminierendes Verhalten. Merritts Untersuchung stützt sich sehr strikt allein auf manifeste Merkmale der verwendeten Quellentexte ab, d.h. auf die Häufigkeit bestimmter Begriff, und verzichtet dabei auf eine inhaltliche Interpretation der Texte. Dies ist aber nicht die Schwäche der Untersuchung, wie Kritiker meinten (vgl. Fischer 1970:93f.), sondern ihre Stärke, weil es erlaubt, die Leistungsfähigkeit des Verfahrens zu beurteilen.

Im Rahmen einer Studie über Werte und ihren Wandel in der amerikanischen Gesellschaft unterzog Namenwirth die Programme (platforms) der beiden grossen amerikanischen Parteien für die Zeit zwischen 1844 und 1964 einer Inhaltsanalyse (Namenwirth 1970 und 1973). Parteiprogramme eignen sich zu diesem Zweck nicht schlecht, weil in einem politischen System, das Machtchancen über den Wahlmechanismus verteilt, Programmatik und Selbstdarstellung der Parteien Rücksicht auf die Empfindungen der Wählerschaft zu nehmen hat. Insofern sind Wahlprogramme auch ein Spiegel der Wertvorstellungen der Gesellschaft. Ähnlich wie Merritt zählte Namenwirth die Häufigkeiten aller Wörter und ihrer Synonyme, die sich bestimmten Wertvorstellungen zuordnen lassen, benutzte dazu jedoch ein Computerprogramm, den GENERAL INQUIRER. Zunächst konnte festgestellt werden, dass die Bedeutung der verschiedenen Wertvorstellung in den Parteiprogrammen über den gesamten Zeitraum von 120 Jahren zwar schwankt, aber um einen konstanten Mittelwert. Säkulartrends, also das kontinuierliche Aufkommen vollständig neuer bzw. endgültige Verschwinden überkommener Wertvorstellungen über Jahrzehnte hinweg, gibt es offenbar nicht. Wertvorstellungen wandeln sich zwar, aber dies geschieht, wie Namenwirth zeigt, in Form eines zyklischen Auf und Ab. Hierbei identifiziert Namenwirth einen langen Zyklus von 152 Jahren, der durch einen kurzen Zyklus von 48 Jahren überlagert wird. So greifbar die empirischen Resultate der Untersuchung von Namenwirth sein mögen, so spekulativ und an Zahlenmystik gemahnend ist die angebotene Erklärung: In der Makrosoziologie von Talcott Parsons hat jede Gesellschaft, um zu gedeihen, vier Funktionen zu erfüllen: Strukturerhalt (pattern maintenance), Adaption, Zielverfolgung (goal attainment) und Integration. Namenwirth identifiziert nun den kurzen Zyklus mit dem Generationenwechsel und eine entsprechende Phasen der amerikanischen Geschichte mit der Erfüllung einer der vier genannten sozialen Funktionen. Nach jeweils vier Generationen sind alle vier Phasen durchlaufen, das Rad der Zeit hat sich mithin einmal gedreht.

Auch für das Aussagenbewertungs-Verfahren (evaluative assertion analysis), einer komplizierteren Variante der Inhaltsanalyse, lassen sich Beispiele aus der Zeitgeschichte finden. Holsti (1969b) untersuchte alle Reden des amerikanischen Aussenminsters John Foster Dulles über die Sowjetunion für die Zeit von 1953 bis 1959, um den Wandel seiner Einstellung gegenüber der Sowjetunion im Verlaufe der beiden Amtszeiten der Eisenhower-Administration zu prüfen. Die Eisenhower-Administration war, wie man sich erinnert, mit der Absicht angetreten, die Politik der Eindämmung (containment) der sowjetischen Herausforderung in Europa und Fernost durch ein Zurückdrängen (roll back) des Kommunismus zu ersetzen. An die Macht gelangt, sahen sich auch Eisenhower/Dulles bald gezwungen, pragmatische Politik zu treiben. Holsti geht es wesentlich darum, die Frage zu klären, ob und auf welche Weise die Vorstellungswelt (belief system) eines Politikers durch Lernprozesse verändert werden kann.

Bei Dulles zeigt sich nun, dass seine vollkommen negative Einschätzung der sowjetischen Politik im Verlaufe der sieben Jahre nur geringe Änderungen erfuhr (vgl. Holsti 1969b:547), obschon Fortschritte in den Beziehungen zu

verzeichnen waren, z.B. mit der Unterzeichnung des österrei-
chischen Staatsvertrags durch die Sowjetunion: Das oft
geforderte Wohlverhalten der Gegenseite wird offenbar in dem
Moment, wo es eintritt, nicht mehr als Zeichen guten
Willens, sondern als Indiz der Schwäche gedeutet. Daniel
Frei hat mit Hilfe eines inhaltsanalytischen Checklisten-
Verfahrens (vgl. Frei 1984:14ff) offizielle sowjetische und
amerikanische Quellen untersucht und gelangt, was die
Einschätzung der jeweils anderen Seite betrifft, zu ähn-
lichen, allerdings sehr viel differenzierteren Ergebnissen.
Frei (1984:266ff.) entdeckte nicht weniger als 28
psychologische Mechanismen, die andere Seite und ihre
Handlungen so umzudeuten, dass diese widerspruchsfrei in das
eigene Weltbild passen (Desinteresse, selektive Wahrnehmung,
Immunisierung, "worst case"-Denken usw.).

     Frei und Ruloff (1983) untersuchten inhaltsanalytisch
in einer Studie über Ost-West-Beziehung und Entspannung die
anlässlich von Eröffnung und Abschluss der KSZE-Runden von
Helsinki, Belgrad und Madrid jeweils durch die Vertreter der
teilnehmenden 35 Staaten abgegebenen Erklärungen. Auf der
Basis der Schlussakte der KSZE von Helsinki wurde ein
Kategoriensystem entwickelt und durch Ermittlung der
Häufigkeitsverteilung entsprechender Begriffsnennungen in
den untersuchten Dokumenten das jeweilige Bild von der
Entspannung in Europa ermittelt. Es zeigt sich dabei, dass
zu Beginn offenbar der Konsensus bestand, generell die
Zusammenarbeit in Europa in allen Bereichen auszubauen; zur
konkreten Substanz von Entspannung verlautete jedoch wenig.
Mit der sukzessiven Präzisierung des Entspannungsbegriffs in
den Jahren nach der Unterzeichnung der Schlussakte (1975)
setzte dann jedoch der Streit ein. Während die Sowjetunion
sich vornehmlich am Ausbau der wirtschaftlichen Zusammen-

arbeit interessiert zeigte, pochte der Westen auf Konzessionen im Bereich von Menschenrechten und menschlichen Erleichterungen. Die KSZE-Runde von Madrid stand schliesslich ganz im Zeichen der Kontroverse über die sojwetische Mittelstreckenrüstung und das Eingreifen der Sowjetunion in Afghanistan.

Der Sinn dieser inhaltsanalytischen "Übung" bestand jedoch nicht darin, derartige Einsichten zu gewinnen, die man unschwer auch den Presseberichten über die KSZE hätte entnehmen könne. Vielmehr ging es darum, die jeweiligen Vorstellungen von der Entspannung und ihren Wandel in Verbindung mit Daten zum tatsächlichen Verlauf der Ost-West-Beziehungen (Handel, Rüstungsanstrengungen, Tourismus usw.) statistisch in Verbindung zu setzen. Dazu wurde quantitatives Datenmaterial über die jeweilige Vorstellung von Entspannung in den Teilnehmerstaaten der KSZE benötigt.

V.3. "Cognitive Mapping"

Entscheidungen und Handlungen politischer Akteure setzen immer Annahmen über die Struktur des jeweiligen Gegenstandsbereichs voraus. Durch "cognitive mapping" lassen sich nun auf der Basis geeigneten Quellenmaterials für die interessierenden Akteure "cognitive maps", also "Landkarten" ihrer Vorstellungswelt entwickeln, die weiter analysiert werden können. Für politologische Anwendungen wird man, wenn möglich, mit den betreffenden Persönlichkeiten offene Interviews durchführen und deren Niederschrift dann untersuchen. Im Falle historischer Anwendungen kommen vor allem Memoiren, Berichte und Niederschriften von Verhandlungen infrage.

Technisch gesehen wird beim "cognitive mapping", ähnlich wie in der Aussagenbewertungsanalyse (vgl. V.2.), der vorliegende Text durch geschultes Hilfspersonal "von Hand" kodiert; ein System von Kodierregeln sorgt dabei für Gültigkeit und Verlässlichkeit der Resultate. In einem ersten Schritt werden die zentralen Begriffe (Konzepte) der Quelle identifiziert und mit einem (meist mnemonischen) Code versehen (z.B. "Rüstungskontrollverhandlungen" = RKV). In einem zweiten Schritt werden die Beziehungen zwischen den Konzepten der Quelle analysiert, wobei zwischen Kausalbeziehungen ("A verursacht B") und Bewertungen ("A ist erstrebenswert") unterschieden wird. Im Falle von Kausalbeziehungen beschränkt man sich in der Regel auf vier Möglichkeiten: einen positiven Zusammenhang ("je grösser A, umso grösser B"), einen negativen ("je grösser A, umso geringer B"), nicht genau spezifizierbare Zusammenhänge ("A führt oder führt nicht zu B") und keine Zusammenhänge. Die so ermittelte Information kann in Form eines Pfeildiagramms dargestellt werden, das die Vorstellungswelt des betreffenden Akteurs in übersichtlicher Weise präsentiert. Für die weitere Verwendung, z.B. für Vergleiche mit anderen "cognitive maps" mittels Datenverarbeitung, wird man die gesammelte Information in Matrixform zusammenfassen. Details des Ansatzes und eine grosse Zahl von Anwendungen finden sich in den Sammelbänden von Axelrod (1976a) und Bonham/Shapiro (1977); eine Einführung und Anwendungsbeispiele aus dem parlamentarischen Bereich bieten Frei et. al. (1980).

Ein für die Historie interessantes Beispiel ist Axelrods (1976b) Untersuchung der Aufzeichnungen über die Gespräche Hitlers mit Chamberlain im September 1938 in München, die Aufschlüsse über die Argumentationsweise beider

Politiker erbringt. Wie im Falle anderer Dokumente kann auch die Aufzeichnung über das Treffen Hiters mit Chamberlain in eine sehr grosse Zahl von Einzelargumenten zerlegen werde, in denen entweder Bewertungen ausgesprochen ("A ist erstrebenswert") oder Kausalzusammenhänge ("B verursacht A") behauptet werden. In drei Punkten unterscheidet sich die Quelle aber von anderen: Erstens besteht nur über eine geringe Zahl von Behauptungen Meinungsverschiedenheit zwischen den beiden Politikern, und zwar eher noch über Bewertungen als über Kausalzusammenhänge. Zweitens widersprechen sich die Argumente jeder der Parteien zwar nicht selbst, sie stützen sich allerdings auch nicht gegenseitig und bilden somit kein konsistentes Netz von Behauptungen. Drittens werden Argumente, die von der Gegenseite angegriffen werden, sofort fallengelassen, d.h. nicht ein zweites Mal ins Feld geführt. In München fand also keine eigentliche Diskussion mit Rede und Gegenrede statt, in der man die Argumentation der Gegenseite ad absurdum führt; vielmehr versuchte man, die jeweilige Gegenseite durch die reine Menge der vorgebrachten Behauptungen zu beeindrucken. Ob dies ein spezifisches Merkmal der Münchner Verhandlungen ist oder das übliche diplomatische Verhandlungsmuster, kann nicht mit Bestimmtheit entschieden werden, weil es an analogen Untersuchungen zur Zeit noch mangelt.

V.4. Prozess-produzierte Daten

Der Historiker ist sich der Tatsache wohl bewusst, dass sein empirisches Material, die Quellen, nicht für ihn geschaffen worden sind, sondern Spuren vergangenen Lebens darstellen, die vor jeder Verwendung kritisch zu sichten sind. Im Gegensatz dazu sind Daten im Verständnis der Sozialforschung bis heute das durch die Forschung aufbereitete empirische Material. Daten müssen, so die auch gegenwärtig noch weit verbreitete Meinung, prinzipiell zunächst ermittelt oder erhoben werden. Die Sozialforschung hat zu diesem Zweck die verschiedensten Verfahren entwickelt, vom Fragebogen bis zum Protokoll einer teilnehmenden Beobachtung.

Als erster hat Rokkan (1976) in einem Schwerpunktheft zum Thema Datenquellen des American Behavioral Scientist (Titel: Social Science Data Archives - Appplications and Potential) explizit darauf aufmerksam gemacht, dass nicht nur die Forschung Daten produziert. Die Mehrzahl aller sozialen, politischen und wirtschaftlichen Prozesse hinterlässt, so Rokkan, datenmässig ihre Spuren, von privaten Rechnungen, den Spray-Parolen der Grossstadt-fassaden bis zu den Medien, die täglich das Geschehen aufarbeiten und in Wort, Bild und Ton zur Verfügung stellen. Rokkan nennt diese Daten "prozess-produziert" (vgl. Rokkan 1976:454) und unterscheidet sie einerseits von den durch die Forschung selbst produzierten Daten, und anderseits von Daten, die im Rahmen der Tätigkeit staatlicher und nicht-staatlicher (z.B. städtischer und privatwirtschaftlicher) bürokratischer Organisationen anfallen.

Rokkan hat, wenn man so will, also das für die Sozialforschung wiederentdeckt, was Historiker Quellen nennen. Diese Entdeckung wäre für sich (namentlich aus historischer Perspektive) kaum der Rede wert. Sie hat jedoch zu forschungstechnischen Innovationen geführt, die auch für die Geschichte Bedeutung besitzen. Denn anders als die herkömmliche Historie, die Quellen einzeln einer kritischen Sichtung unterzieht, um deren Informationsgehalt dann interpretativ verwenden zu können (z.B. als Beleg für eine

Hypothese), hat die Sozialforschung Techniken entwickelt, ganze Quellensammlungen gesamthaft aufzuarbeiten und in quantitatives Datenmaterial umzusetzen.

Die heute übliche Definition prozess-produzierter Daten weicht von jener Rokkans allerdings in einem entscheidenden Punkt ab: Mit "Prozess" wird vorwiegend (wenn nicht ausschliesslich) ein bürokratischer Vorgang oder eine Verwaltungsaktivität bezeichnet, die Daten in Form von Aktenmaterial produziert und diese schliesslich archiviert (vgl. Müller 1977 und Bick/Müller 1980). Die Aufgabe der Forschung besteht nun darin, dieses Material in eine Form zu bringen, die eine weitere (meist statistische) Auswertung überhaupt erst ermöglicht. Dies geschieht mit Hilfe eines sog. Erhebungsbogens.

Der Erhebungsbogen ist ein Spezialfall des Fragebogens, und bei der Datengewinnung mittels Erhebungsbogens wird auch analog zur Arbeit mit Fragebögen vorgegangen. Aus diesem Grund erübrigt sich auch eine detailliertere Beschreibung des Verfahrens, die im Grunde kaum mehr sein könnte als eine Wiederholung dessen, was die Methodenliteratur der empirischen Sozialforschung bereits in grosser Fülle bietet (vgl. z.B. Erbslöh 1972 und Grümer 1974). Interessanter sind die Unterschiede zwischen Erhebungs- und Fragebogen. Zunächst werden auch mittels Erhebungsbogen Fragen gestellt, aber diese richten sich nicht an Personen, sondern an einzelne Dokumente, z.B. alle Teile einer Serie von Prozessakten, in denen sich Angaben zur Person finden. Erhebungsbögen werden (wie oft auch Fragebögen) vom Leiter einer Untersuchung selbst oder von Hilfskräften ausgefüllt. Diese werden sich also jeweils zunächst mit dem Inhalt eines Dokuments vertraut machen, um schliesslich die Fragen des

Erhebungsbogens selbst beantworten zu können. Um Verlässlichkeit (Reliabilität) der Datengewinnung zu gewährleisten,
empfiehlt sich mehr als noch bei Fragebögen die alleinige
Verwendung geschlossener Fragen. Da prozess-produzierte Daten in der Regel in grosser Menge anfallen, ist es meist
unumgänglich, zunächst auf die eine oder andere Weise eine
Auswahl zu treffen, sei es durch bewusste (z.B. zeitliche
oder geographische) Abgrenzung des Untersuchungsgegenstands
oder durch Zufalls- oder Quotenverfahren (vgl. Böltken
1976).

Die Konstruktion eines Erhebungsbogens, der nicht nur
die benötigten Informationen liefert, sondern auch den
Gegenstand in gültiger (valider) Weise abbildet, setzt
natürlich nicht nur eine intime Kenntnis des Materials
voraus, sondern auch Kenntnisse des Prozesses, der das zu
untersuchende Material liefert (vgl. de Vries 1980).
Notwendig ist im Grunde, wie dies Bick und Müller (1980) in
Analogie zur historischen Quellenkritik fordern und vorfüh-
ren, eine genuin sozialwissenschaftliche Quellenkritik.
Prozess-produzierte Daten, z.B. Polizeiakten, sind selbstverständlich Teil sozialer Realität; in der Regel geht es
bei der Untersuchung prozess-produzierter Daten jedoch nicht
um jene Prozesse, deren Archivmaterial man verwendet;
vielmehr wird das angesammelte Material dazu benutzt,
Einsichten über die Gesellschaft selbst zu gewinnen. Der
Blick auf den Forschungsgegenstand geht hierbei jedoch
zwangsläufig durch die "Brille" jener Instanzen, die das zu
untersuchende Material zusammengetragen haben. Dieser Blick
ist natürlich hochgradig selektiv und subjektiv. Entwertet
wird das Quellenmaterial durch diesen Tabestand jedoch nur

dann, wenn man sich dessen nicht bewusst ist, also blindlings das z.B. durch eine Behörde produzierte Abbild der Realität mit dieser selbst verwechsel.

Schwierige technische Probleme stellen sich für den Fall, dass mehrere Quellen, z.B. das Aktenmaterial verschiedener Behörden, benutzt werden muss, um die benötigte Information zu gewinnen, z.B. zur Rekonstruktion persönlicher oder Familiendaten, wie man sie für Zwecke historischer Demographie und kollektivbiographische Untersuchungen benötigt. Jeder einzelne wird Zeit seines Lebens an den verschiedensten Stellen und in verschiedenster Weise aktenkundig. Da Verwaltungsprozesse aber nicht synchron und miteinander koordiniert verlaufen, müssen für jeden Fall der Untersuchung (die einzelne Person, die einzelne Familie) die in unterschiedlichem Kontext gewonnene Information zusammengefügt werden. Dieses sog. "Record Linkage" lässt sich effizient nur mit der Hilfe von Computern bewältigen (vgl. Winchester 1970 und 1980). Im Prinzip ist "Record Linkage" tatäschlich nur ein sehr aufwendiges, aber in seiner Logik eher banales Sortieren von Informationen. Aber bereits die üblichen, kleinen Fehler in den Daten (z.B. unterschiedliche Schreibweise oder unvollständige Angabe von Namen) kann jeden Sortiervorgang zu einem zeitraubenden Puzzle machen.

Die Analyse prozess-produzierter Daten wird für die Sozialforschung ohne Zweifel immer wichtiger. Ein Merkmal der modernen Gesellschaft ist die wachsende Bedeutung staatlicher und privater Dienstleistungen, die Verwaltungstätigkeit einschliessen. Immer mehr Menschen kommen täglich mit einer immer grösseren Zahl von Behörden und Organisationen in Kontakt, die quasi nebenbei Datenmaterial erzeugen. In einer Untersuchung auf kommunaler Ebene haben Bick und Müller (1980) fast 100 unterschiedliche staatliche Verwaltungsvorgänge identifiziert, mit denen der Bürger im Verlauf seines Lebens tendenziell zu tun hat. Die Bedeutung der nicht-staatlichen Dienstleistungen mit Verwaltungscharakter (Banken, Versicherungen, Reisebüros usw.) nimmt ständig zu. Will die Sozialforschung nicht vollkommen den Kontakt zur Realität verlieren, muss sie in diesem Bereich, der ihr zudem mit der Produktion von Daten entgegen kommt, präsent bleiben (dies ist die "Botschaft" im bereits zitierten Aufsatz von Rokkan 1976).

Verwaltung und damit prozess-produziertes Datenmaterial ist keine Erfindung der Gegenwart. Auch der Historie bietet sich somit die Möglichkeit, neue Datenquellen für die eigene Forschung zu erschliessen; darum geht es in diesem Zusammenhang aber in erster Linie. Beispiele, wie dies geschehen könnte und welche Einsichten zu gewinnen wären, gibt es bereits genügend. Man findet sie zum grössten Teil in den Sammelbänden zur Historischen Sozialforschung, vor allem bei Müller (1977). In Zusammenhang mit der kollektiv-biographischen und der historisch-demographischen Forschung wurde ebenfalls bereits auf einige Beispiele verwiesen. Wichtig sind die Revisionen am historischen Detail, die auf diese Weise möglich werden. Für seine Auswertung der Düsseldorfer Gestapo-Akten aus der Zeit zwischen 1933 und 1945 verwendet z.B. Mann (1977) einen Erhebungsbogen, der Daten zu rund 200 Variablen liefert. Analyseeinheit ist die aktenmässig in Erscheinung getretene Person. Auf diese Weise wird Information zu den folgenden Fragekomplexen gewonnen: Der "Täter" und seine primäre Umwelt; die Art des "Tat"-Verdachts; Informationsquellen der Gestapo, Sanktionen usw. Die statisische Analyse der Daten erbringt u. a. Hinweise auf das Ausmass des Denunziantentums in der Zeit zwischen 1933 und 1945, das offensichtlich grösser als generell bisland vermutet war.

V.5. Ereignisanalyse

Nicht nur die neue Sozial- und Wirtschaftsgeschichte, namentlich auch die Schule der Annales, begegnet Ereignissen und dem Versuch, Geschichte als Abfolge von Ereignissen darzustellen, mit einer gehörigen Portion Skepsis; die "Rehabilitierung" der Erzählung als durchaus wissenschaftliche Methode, ereignishafte Vorgänge in Form narrative Strukturen zu rekonstruieren, ist wie vorher ausgeführt ja erst in neuerer Zeit geglückt. In jedem Fall stimmen die meisten Vertreter der Sozialwissenschaften wohl der Meinung zu, dass Ereignisse nicht viel mehr seien als der "Schaum auf dem reissenden Strom der Geschichte" (McClelland 1983:176, Übersetzung d. Verf.), ein Oberflächenphänomen also. Ob diese Einschätzung tatsächlich zutrifft, kann nur empirisch geklärt werden; dies allerdings hätte eine quantitative Aufbereitung von Ereignissen zur Voraussetzung, damit Serien von Ereignissen überhaupt analysiert werden können, z.B. mit Strukturerkennungs-Verfahren. Genau dies, also die Transformation der narrativen Darstellung von Ereignisabfolgen in Zahlenreihen, leistet die sog. Ereignisanalyse.

Das Unternehmen, narrative Strukturen in quantitatives Datenmaterial zu überführen, ist in der Tat nicht einfach, vor allem aber ausserordentlich arbeitsintensiv und damit kostspielig. Von den etwa einem Dutzend mehr oder weniger bedeutenden Ereignisanalyse-Projekten der frühen siebziger

Jahre führen gegenwärtig nur noch zwei in grösserem Umfang
ihre Arbeit fort: COPDAB (Conflict and Peace Data Bank) und
WEIS   (World   Event/Interaction   Survey).   In   diesem
Zusammenhang wird auf die Ereignisanalyse aus folgenden zwei
Gründen verwiesen: Erstens dürfte das Material der
ereignisanalytischen Datenbank, das gegenwärtig zur
Verfügung steht, auch für zeitgeschichtliche Untersuchungen
von Interesse sein, falls diese mit Zeitreihendaten
arbeiten; zweitens lässt sich das Verfahren der
Zeitreihenanalyse ohne grosse Schwierigkeiten zur Kodierung
narrativen Quellenmaterials schlechthin verwenden und wäre
somit auch für die nicht-zeithistorische Forschung von
Interesse, wenn diese quantitatives Datenmaterial dieser Art
benötigt. Dass dies z.B. auch für die alte und
mittelalterliche Geschichte Sinn macht, hat Sorokin (1937)
gezeigt. Im dritten Band seines monumentalen Werkes wird
das Auf und Ab von Krieg und Revolution im Laufe der
Geschichte thematisiert ("Fluctuation of Social
Relationships, War, and Revolution"). Sorokin begnügt sich
dabei nicht mit einer erzählenden Darstellung der Vorgänge,
sondern zählt die entsprechenden Ereignisse für jedes Jahr
und gewichtet sie nach ihrer Intensität. Dies erlaubt es ihm
nun, die Fluktuation von Kriegen und Revolutionen recht
anschaulich in graphischer Form als Kurven und Histogramme
darzustellen.

Als "Ereignis" fasst die Ereignisanalyse einen
Handlungszusammenhang auf, der aus drei Elementen besteht:
Erstens einem Akteur, dem Handelnden; zweitens einem Ziel,
das Handlungen "erleidet"; sowie drittens der Handlung
selbst. Als Akteure bzw. Ziele kommen in den beiden
wichtigsten vorher schon genannten Projekten COPDAB und WEIS
lediglich Staaten infrage. Als Handlungen werden alle Formen

zwischenstaatlicher Interaktion erfasst, wobei zunächst zwischen kooperativen Vorgängen einerseits und konfliktiven Vorgängen anderseits unterschieden wird. Nicht berücksichtig weil definitionsgemäss keine Ereignisse sind zwischenstaatliche Transaktionen aller Art, z.B. also Handel, Tourismus, Finanzströme usw. Ein kooperatives Ereignis wäre z.B.: "Die USA schlagen der Sowjetunion Rüstungskontrollverhandlungen vor." Ein konfliktives Ereignis wäre z.B.: "Grossbritannien weist sowjetische Diplomaten aus." COPDAB und WEIS verwenden zur Klassifizierung von Ereignissen jeweils noch feinere Kategoriensysteme sowie Gewichtungs- und Skalierungsprozeduren, auf die hier jedoch nicht weiter eingegangen werden kann.

Als Quelle für die Erhebung von ereignisanalytischen Daten eignen sich, soweit es sich um Vorgänge der jüngeren Zeit und Zeitgeschichte handelt, die Nachrichtenseiten relevanter Periodika. Deren Auswahl erfolgt prinzipiell unter denselben Gesichtspunkten wie die Auswahl geeigneten Quellenmaterials bei der Inhaltsanalyse (vgl. Kops 1977). Hierbei gehen COPDAB und WEIS sehr getrennte Wege. Während COPDAB etwa 70 verschiedene Zeitschriften und Nachrichtemagazine mit regionaler, überregionaler und weltweiter Verbreitung verwendet, stützt sich WEIS allein auf die Berichterstattung der New York Times. COPDAB sichert sich mit seiner breiten Quellenbasis eine sehr dichte, wenn auch selbstverständlich kaum lückenlose Erfassung internationaler Interaktionen; WEIS behauptet, zumindest die weltpolitisch relevantesten Ereignisse zu erfassen, wobei man sich implizit die Auswahlgesichtspunkte einer Nachrichtenredaktion zu eigen macht (vgl. Ruloff 1984:287f. und 304f.). COPDAB (Conflict and Peace Data Bank) besteht gegenwärtig aus Einzelinformation zu etwa 500'000 Ereignissen für die

Beziehungen zwischen fast allen Staaten des internationalen Systems und den Zeitraum von einschliesslich 1948 bis und mit 1978 (Azar 1980). Die Aktualisierung bis 1984 steht vor dem Abschluss.

Neue Untersuchungen (Howell 1983; Vincent 1983) haben signifikante Unterschiede zwischen WEIS und COPDAB aufgedeckt, und zwar nicht nur, wie zu erwarten, bei Anzahl und Identität der in den jeweiligen Datenbanken berücksichtigten Ereignisse, also den Rohdaten, sondern auch bei ansich vergleichbaren Aggregaten, z.B. den zu quantitativen Zeitreihendaten aufgearbeiteten Angaben der Datenbank über die Beziehungen zwischen den beiden Grossmächten USA und UdSSR. Bei der Bewertung dieser Befunde gilt es jedoch zu berücksichtigen, was namentlich die Vertreter der Schule der Annales (vgl. Ruloff 1984:287f.) betonen: dass nämlich alle Daten, also auch Ereignisse und die vielbeschworenen Fakten, nicht "gegeben" im Sinne des "vom Himmel gefallen" sind, sondern "gegeben" im Sinne von "erzeugt durch das gewählte Instrumentarium der Datener- hebung". Unterschiedliche Datenerhebungsverfahren liefern mehr oder weniger unterschiedliche Resultate. Dieser Problematik ist sich der Historiker so recht wohl nur beim Umgang mit schriftlichen Quellen bewusst, denn in der Histo- rie ist es kein spektakulärer Vorgang, wenn zwei Historiker bei der Beurteilung derselben Quelle zu unterschiedli- chen Resultaten kommen. Was ereignisanalytische Daten von volkswirtschaftlichen Kennzahlen z.B. unterscheidet, ist weniger deren Qualität (die namentlich für Entwicklungs- länder eher gering anzusetzen ist), als die Akzeptanz des Erhebungsverfahrens: Das Bruttosozialprodukt per capita ist ein etablierter Indikator; die ereignisanalytisch gemessene Hostilität zwischen zwei Staaten (noch) nicht.

Für die quantitative Forschung im Bereich der internationalen Beziehungen sind ereignisanalytische Daten unabdingbar. Stellvertretend für die inzwischen immer zahlreicheren Untersuchungen zur internationalen Politik, die sich derartiger Daten bedienen, sei nur auf einige verwiesen, die auch zeitgeschichtlich von Interessen sein dürften und Material von COPDAB verwenden: Frei und Ruloff (1983:213ff) überprüfen mit Hilfe ereignisanalytischer Daten die wichtigste Hypothesen zur Entspannungspolitik der sechziger und siebziger Jahre, u.a. z.B. die Frage, ob der wachsende Ost-West-Handel die Entspannungspolitik begünstigte, oder vielmehr selbst die Entspannung zur Voraussetzung hatte. Ward (1962) untersucht die Verteilung von konfliktiver und kooperativer Interaktion im gesamten internationalen System der Nachkriegszeit und zeigt Veränderungen in seiner Struktur auf. Der Autor dieser Untersuchung selbst (Ruloff 1983) überprüft mit Hilfe der Spektralanalyse (vgl. IV.3) ereignisanalytische Zeitreihendaten zu den Beziehungen zwischen Ost und West in der Zeit von 1950 bis 1978 auf Schwingungsmerkmale; dabei fällt im Verhalten der Vereinigten Staaten gegenüber der Sowjetunion ein etwa 10-jähriger Zyklus auf, der mit dem Wahlrhythmus in den USA in Zusammenhang gebracht werden kann.

V.6. Psychobiographie, Lebensgeschichten und mündliche
     Tradition (oral history)

Lebens- und mündliche Geschichte haben in den letzten Jahren durch die Historische Sozialforschung neue Bedeutung gewonnen und auch in Soziologie, Sozialpsychologie und Politikwissenschaft Interesse geweckt, das vornehmlich auf die Verwertung neuen Quellenmaterials gerichtet ist. Gerade die Verwendung der elektronischen Datenverarbeitung hat hier neue Möglichkeiten geschaffen, und die neue Bedeutung beider Ansätze ist nicht zuletzt auch auf sie zurückzuführen. Davon zu unterscheiden ist der psychobiographische Ansatz, der Zusammenhänge zwischen Verhalten und Lebensgeschichte behauptet und namentlich den Erfahrungen der Kindheit hierbei eine bedeutende Rolle zuteilt. Psychologen und Psychoanalytiker haben sich aus diesem Grund mitunter auch für historische Persönlichkeiten interessiert und den Versuch unternommen, von Eigenarten der Biographie auf Verhaltensmerkmale dieser Persönlichkeiten zu schliessen (und implizit damit Geschichte zu erklären, wenn man diese vorwiegend als Handlungsresultat der betreffenden Persönlichkeiten deuten kann).

Ein frühes Beispiel psychobiographischer Geschichtsdeutung ist Eriksons zuerst 1958 erschienene, gerade (1983) in deutscher Fassung wieder aufgelegte Untersuchung über die Erfahrungen des jungen Luther, die er mit manchen Eigenschaften des späteren Reformators und seinem Bruch mit der katholischen Kirche in Zusammenhang bringt. Mit Hinweis auf einen vermeintlichen Mangel an menschlicher Wärme im Elternhaus des späteren amerikanischen Vizepräsidenten und Präsidenten Richard Nixon, vor allem auch seiner angeblich unbewusst feindlichen Haltung dem Vater gegenüber (dor ihn seit frühester Kindheit zu schelten pflegte), wurden auch die Schwierigkeiten des Erwachsenen mit seiner Umwelt gedeutet, etwa die Reserven Nixons gegenüber Präsident Eisenhower, mit dem er nach Meinung von Pschologen unbewusst die wenig geschätzte Vaterfigur in Zusammenhang brachte (vgl. Long 1981:195-254).

Die Psychobiographie verdient in diesem Zusammenhang Aufmerksamkeit, weil sie vermehrt die mündliche Tradition (oral history) als Quelle heranzieht und die Kombination von beidem sich zu einem eigenständigen historischen Ansatz zu entwickeln scheint. Einen guten Überblick einschliesslich Demonstration der Möglichkeiten und Grenzen an exemplarischem Material (Lebensgeschichten von Verfolgten des Nationalsozialismus und von polnischen Bauern) bieten die Beiträge des Sammelbandes von Bertaux (1981) und die Studie von Runyan (1982). Vor dem voreiligen Schluss, Lebensgeschichte und mündliche Tradition seien die neuen Formen der Sozialgeschichte oder gar die einzig legitime Art und Weise, Sozialgeschichte zu betreiben, muss allerdings gewarnt werden. Die richtige Einsicht, dass sich Geschichte nicht auf die Haupt- und Staatsaktionen, die bekannten Taten grosser Männer, reduzieren lässt, darf nun nicht ins andere Extrem führen, also in die Überbetonung der Bedeutung des einfachen Mannes für die Geschichte oder gar die Gleichsetzung seiner Lebensgeschichte mit Geschichte schlechthin. Die Erschliessung mündlicher Tradition sieht sich zudem mit gewichtigen Fragen der Gültigkeit und Verlässlichkeit ihres Quellenmaterials konfrontiert, auf die bereits in anderem Zusammenhang verwiesen worden ist (vgl. II.4.). Lebensgeschichte und mündliche Geschichte können dazu dienen, die Resultate der statistischen Untersuchungen repräsentativer Querschnitte zu illustrieren. Diese ersetzen können sie allerdings nicht.

V.7. Datenbanken, Datenbasen und wissenschaftliche Information

Die Erschliessung von Informationsquellen und deren Quantifizierung, sofern dies notwendig sein sollte, erfordert grossen Aufwand an Zeit und Mitteln. Im Grunde lassen sich die entsprechenden, sehr aufwendigen Projekte nur rechtfertigen, wenn die so gewonnenen Daten nicht unter Verschluss bleiben, sondern der Forschung insgesamt zur Verfügung gestellt werden. International sind im sozialwissenschaftlichen Bereich grosse Anstrengungen unternommen worden, die laufende Forschung zu dokumentieren und den Austausch von Daten zu vereinfachen, auch im deutschsprachigen Bereich. Auf die Dokumentationsbände zur Historischen Sozialforschung, die das Kölner Zentrum für Historische Sozialforschung (Quantum-Forschungsstelle) bisher zur Verfügung stellte, ist bereits mehrfach verwiesen worden. Das dort präsentierte Material wurde zuletzt in Zusammenarbeit mit dem Bonner "Informationszentrum Sozialwissenschaften" erhoben, einer Gemeinschaftseinrichtung der Arbeitsgemeinschaft Sozialwissenschaftlicher Institute.

Die genannten Institutionen fungieren vor allem als Informationsstelle und Clearinghouse sozialwissenschaftlicher Forschung; sie vermitteln teilweise den Austausch von Daten, organisieren diesen aber nicht. Der Unterhalt von Datenbanken und Datenarchiven für die Sozialforschung ist ein sehr viel anspruchsvolleres und aufwendigeres Unternehmen. Im deutschsprachigen Bereich hat diese Aufgabe in grossem Stile nur das Kölner Zentralarchiv für empirische Sozialforschung angefasst, das auch historisch relevantes Datenmaterial zur Verfügung stellt.

Die weltweit grösste Datenbank zur Soziàlforschung wird hingegen durch das ICPSR (Inter-university Consortium für Political and Social Research) an der Universität von Michigan (Ann Arbor) unterhalten. Ein inzwischen mehrere Tausend einzelne Datensätze umfassendes Archiv ist in der nun über zwanzigjährigen Arbeit des ICPSR zusammengetragen worden, wobei zum überwiegenden Teil die Daten abgeschlossener Forschungsprojekte durch das ICPSR übernommen und auf Magnetband archiviert wurden. Einzelne Datenserien wurden auch durch das ICPSR selbst zusammengestellt. Eine grössere Zahl von Zeitreihen zu Wahlen, Demographie, Wirtschaftsentwicklung und Rüstungstransfers verschiedener bzw. aller Länder wird zudem laufend aktualisiert bzw. die aktuellen Daten werden durch die entsprechenden Institutionen, die diese sammeln (Weltbank, Arms Control and Disarmament Agency usw.) zur Verfügung gestellt. Auch verschiedenes historisches Datenmaterial wird durch das ICPSR zur Verfügung gehalten, z.B.: Regelmässige Zensusdaten für die USA seit 1790, für Frankreich seit 1801, Grossbritannien seit 1851; Daten zur Geschichte verschiedener amerikanischer Städte seit Beginn des 19. Jahrhunderts; Daten zu inner- und zwischenstaatlichen Konflikten für die meisten Staaten seit dem Beginn des 19. Jahrhunderts; Ereignisdaten zur internationalen Politik seit 1948; usw. (vgl. ICPSR 1984).

Diese Daten können vom ICPSR auf Magnetband bezogen werden. Immer wichtiger für die Sozialforschung wird auch der Zugang zu sog. on-line-Datenbanken und Datenbasen, also Informationssammlungen, die über Datensichtgeräte und Telephon- bzw. DFÜ-Netzwerke direkt (z.B. mit Stichworten gesteuert) auf die benötigte Information hin angefragt werden können. Für die Historische Sozialforschung ist hierbei vor allem der Zugang zu bibliographischer Information von Interesse. Zentral verwaltet und über DFÜ-Netzwerk angeboten werden durch Euronet Diane (Luxembourg) zur Zeit u.a. die folgenden Datenbasen: SOLIS mit Zusammenfassungen deutscher sozialwissenschaftlicher Literatur; SOCIAL SCISEARCH (Social Science Citation Index Search) mit Berichten über die internationale sozialwissenschaftliche Literatur; SOCA, ein Dienst, der ähnliche Leistungen wie SOCIAL SCISEARCH erbringt; FORIS mit Berichten über sozialwissenschaftliche Forschungsprojekte im deutschen Sprachraum; ESTC (Eighteenth Century Short Titel Catalogue), Berichte über die Buchbestände der British Library aus dem 18. Jahrhundert; usw.

VI. PERSPEKTIVEN DER HISTORISCHEN SOZIALFORSCHUNG

Historiker und Sozialwissenschaftler unterscheiden sich in vielem, aber vermutlich nicht in so vielem, wie oft behauptet wird. In einem Rückblick und Ausblick zur Historischen Sozialforschung hat Kousser (1980) die seiner Meinung nach wichtigsten Unterschiede aufgezählt: Historiker sind, erstens, Individualisten; das Interesse am Singulären in der Geschichte färbt offensichtlich ab und führt dazu, dass sich Historiker nicht in demselben Masse wie Sozialwissenschaftler in "Schulen" einteilen lassen, allerdings auch seltener miteinander kooperieren oder direkt konkurrieren. Überhaupt hegen sie ein Misstrauen simplen Erklärungen gegenüber, vor allem solchen, die Patentlösungen anbieten. Zweitens ist die Spezialisierung in der Historie nicht derart fortgeschritten wie in den Sozialwissenschaften. Historiker unterscheiden sich hinsichtlich der untersuchten historischen Epochen (Althistoriker, Mediävisten, Zeithistoriker usw.), nicht so sehr bezüglich der theoretischen Annahmen oder Methoden. Drittens fehlen der Historie (mit Ausnahme einiger Spezialisten in verschiedenen Hilfswissenschaften) eigentliche Subdisziplinen methodischer Ausrichtung, wie sie jede "ausgewachsene" Sozialwissenschaft besitzt (z.B. Wahlforschung und Demoskopie als Subdisziplinen der Politischen Wissenschaft). Und viertens gilt in der Geschichte noch weithin eine erzählende Darstellung von Resultaten als erstrebenswert, die auch ästhetischen Ansprüchen gerecht wird. Der Historiker ist, kurz gesagt, an der Rekonstruktion historischer Gesamtzusammenhänge interessiert; dies hat die gerade aufgezählten wissenschaftsorganisatorischen und methodische Voraussetzungen bzw. Konsequenzen.

Auch die Historische Sozialforschung hat sich noch nicht vollkommen von diesen Zielvorstellungen lösen können, und sie soll dies auch gar nicht. Fogel (1975) hat im Rückblick auf die Arbeit an "Time on the Cross" (Fogel und Engerman 1974) die Meinung vertreten, man habe schliesslich erkennen müssen, dass die Historie eine Geisteswissenschaft (Fogel: "a humanistic disciplin") sei und bleibe; in der Geschichtsschreibung seien Leistungen zu erbringen, bei denen sozialwissenschaftliche Mittel allein versagen. Der Historiker versuche, die Totalität menschlichen Verhaltens zu begreifen; seine Fragestellung reiche bis in den Bereich von Moral und Ästhetik (Fogel 1975:342). Man habe in "Time on the Cross" den Versuch unternommen, die Befunde der Kliometrie in eine übergreifende, neue Darstellung der Süd-staatenwirtschaft und der Bedeutung der Sklaverei in dieser "einzuweben" und habe dabei die Grenze zwischen Sozial-wissenschaft und traditioneller Historie überschritten (Fogel: "we passend over from the social science to traditional history").

Tatsächlich scheuen sich nicht wenige Vertreter der Historischen Sozialforschung, denselben Schritt zu tun. Es fehlt immer noch an Versuchen, die Resultate der Historischen Sozialforschung in einen grösseren historischen Zusammenhang zu stellen und für das Neu- und Umschreiben der Geschichte, also die übliche Tätigkeit des Historikers, zu nutzen. Es wäre jedoch vollkommen falsch, hierin einen exklusiven Mangel der Historischen Sozialforschung zu sehen. Bereits ein kurzer Blick in historische Fachzeitschriften zeigt, dass auch die konventionelle Geschichtsforschung ähnliche Schwierigkeiten hat, denn eklektische Forschung am Detail bestimmt die Szene weiterhum. Die Fachzeitschriften versuchen dabei geschickt, durch thematische Schwerpunkthefte den Schein konzertierter Forschungsanstrengung zu erzeugen, was einmal mehr, ein andermal weniger gelingt. Nicht jede historische Arbeit ist also Rekonstruktion der grossen Gesamtzusammenhänge, also das, was Fogel mit genuiner Geisteswissenschaft verbindet.

Falsch ist aber auch Fogels implizite Unterstellung, die Sozialwissenschaften seien von der Rekonstruktion der grossen, sozialen Zusammenhänge dispensiert (da sie ja Theoriebildung zu betreiben hätten). Das Gegenteil ist richtig. Neue Theorien überzeugen auch in den Sozialwissenschaften erst dann, wenn nachgewiesen ist, dass sie für die Zwecke der weitestgehenden Umdeutung sozialer, politischer und wirtschaftlicher Zusammenhänge taugen. Auch in den Sozialwissenschaften dominiert die eklektische Forschung an Detailfragen; diese Tendenz wird durch den Trend zu Spezialisierung noch gefördert. Die "highlights" moderner Sozialwissenschaft sind jedoch wie in der Historie die umfassenden Interpretationen der Gegenwartsfragen, z.B. Mancur Olsons "Rise and Decline of Nations" (Olson 1982), und auch diese sind leider sehr selten.

Die Botschaft der Historischen Sozialforschung ist nun nicht der Verzicht auf Geschichtsschreibung zugunsten theoretischer Spekulation und Quantifizierung. Es geht vielmehr darum, theoriegeleitete Forschung zu betreiben und so weit wie möglich dabei exakte Methoden zu verwenden sowie neue und unkonventionelle Datenquellen zu nutzen. Wie die Resultate verwertet werden - zur Theoriebildung oder zur historiographischen Rekonstruktion - ist eine andere Frage. Dass beides sich ausschliesse, ist nicht nur eine unbewiesene Behauptung. Die Praxis zeigt, dass gerade die besten historiographischen Arbeiten um zentrale Hypothesen herum konstruiert worden sind. "Time on the Cross" stiess gerade deshalb auf das breite Interesse auch der Öffentlichkeit, weil die zentrale Hypothese der Autoren Aufmerksamkeit weckte.

Die Historische Sozialforschung ist interdisziplinär und sie wird dies bleiben. Damit ist bereits auch die Frage nach den Perspektiven der Historischen Sozialforschung beantwortet. Als neue Disziplin wird sie sich ebenso wenig etablieren können, wie andere interdisziplinäre Forschungsansätze, z.B. die allgemeine Systemtheorie (General Systems Theory) oder die Kybernetik. Ihr Erfolg wird daran zu messen sein, in wieweit sozialwissenschaftliche Theorien und Methoden durch die Historie absorbiert und historische Themen in den Sozialwissenschaften Verbreitung finden werden.

LITERATUR

____

Adorno, T. W. 1969, "Soziologie und empirische Forschung,"
     in Adorno et. al. 1969:81-101.

Adorno, T. W. / Albert, H. / Dahrendorf, R. / Habermas, J. /
     Pilot, H. / Popper, K. R. 1969, Der Positivismusstreit
     in der deutschen Soziologie. Neuwied / Berlin:
     Luchterhand.

Alemann, H. v. 1977, Der Forschungsprozess. Eine Einführung
     in die Praxis der empirischen Sozialforschung.
     Stuttgart: Teubner (Studienskripten Bd. 30).

Alexander, T. B. 1976, "Statistische Schlussfolgerungen in
     der politischen Geschichte - eine amerikanische Sicht,"
     in Jarausch, 98-127.

Alker, W. R. Jr. / Bennett, J. / Mefford, D. 1980,
     "Generalized Precedent Logics for Resolving Insecurity
     Dilemmas," International Interactions 7:165-206.

Allen, J. B. 1966, The Company Town in the American West.
     Norman: University of Oklahoma Press.

Allswang, J. M. 1971, A House for All Peoples: Ethnic
     Politics in Chicago, 1890-1936. Lexington: University
     of Kentucky Press

Anderson, P. / Thorson, S. 1982, "Artificial Intelligence
     Based Simulations of Foreign Policy Decision-Making,"
     Behavioral Science 27:176-193.

Apel, K. O. (Hrsg.) 1971, Hermeneutik und Ideologiekritik.
     Frankfurt: Suhrkamp.

Apel, Karl Otto 1975, "Das Kommunikationsapriori und die
     Begründung der Geisteswissenschaften," in: Simon-
     Schaefer / Zimmerli, 23-55.

Arminger, G.   1979, Faktorenanalyse. Stuttgart: Teubner
     (Studienskripten Bd. 23)

Asher, H. B. 1978, Causal Modeling. Beverly Hills: SAGE.

Axelrod, R.   1976a, Structure   of Decision. Princeton:
     Princeton University Press.

Axelrod, R.   1976b, Argumentation in Foreign Policy Decision
     Making. Britain in 1918, Munich in 1938, and Japan in
     1970. Discussion Paper Nr. 90, Institute of Public
     Policy Studies, University of Michigan (Ann Arbor).

Axelrod, R.   1984, The Evolution of Cooperation. New York:
     Basic Books.

Aydelotte, W. O. / Bogue, A.   / Fogel, R. W. (Hrsg.) 1972,
     The Dimensions of Quantitative Research in History.
     Princeton: Princeton University Press

Aydelotte, W. O. (Hrsg.) 1977, The History of Parliamentary
     Behavior. Princeton: Princeton University Press.

Azar, E. E. 1980, "The Conflict and Peace Data Bank (COPDAB)
     Project," JCR 24:143-152.

Bahro, R. 1977, Die Alternative. Zur Kritik des real
     existierenden Sozialismus. Köln / Frankfurt: EVA.

Barr, A. / Cohen, P. R. / Feigenbaum, E. A. 1982, The
     Handbook of Artificial Intelligence. Los Altos: William
     Kaufmann.

Baumgartner, H. M. 1972, Kontinuität und Geschichte. Zur
     Kritik und Meta-Kritik der historischen Vernunft.
     Frankfurt: Suhrkamp.

Baumgartner, H. M., 1976, "Thesen zur Grundlegung einer
     transzendentalen Historik." in: Baumgartner / Rüsen,
     274-302.

Baumgartner, H. M. / Rüsen, J. (Hrsg.) 1976, Geschichte und
     Theorie. Umrisse einer Historik. Frankfurt: Suhrkamp.

Becker, G. 1976, The Economic Approach to Human Behavior.
     Chicago: University of Chicago Press.

Benson, L. 1961, The Concept of Jacksonian Democracy: New York as a Test Case. Princeton: Princeton University Press

Benninghaus, H. 1982, Statistik für Soziologen 1: Deskriptive Statistik. Stuttgart: Teubner (Studienskripten Bd. 22).

Berelson, B. / Lazarsfeld, P. F. 1952, "Die Bedeutungsanalyse von Kommunikationsmaterialien." in Koenig, 141-168.

Bertaux, D. (Hrsg.) 1981, Biography and Society. The Life History Approach in the Social Sciences. Beverly Hills / London: SAGE.

Best, H. 1980, "Analysis of Content and Context of Historical Documents - The Case of Petitions to the Frankfurt National Assembly 1848/49," in Clubb / Scheuch 1980:244-263.

Bick, W. / Müller, P. J. 1980, "The Natur of Process-Produced Data - Towards a Social-Scientific Source Criticism," in Clubb/Scheuch, 369-413.

Bick, W. / Müller, P. J. / Reinke, H. 1977, Quantitative historische Forschung 1977. Eine Dokumentation der QUANTUM-Erhebung. Stuttgart: Klett-Cotta (HSF Bd. 1).

Bick, W. / Müller, P. J. / Reinke, H. 1979, Historische Sozialforschung 1979. Stuttgart: Klett-Cotta (HSF Bd. 10).

Bick, W. / Müller, P. J. / Reinke, H. 1980, Historische Sozialforschung 1980. Stuttgart: Klett-Cotta (HSF Bd. 12).

Bick, W. / Müller, P. J. / Reinke, H. 1981, Historische Sozialforschung 1981. Stuttgart: Klett-Cotta (HSF Bd. 14).

Bick, W. / Müller, P. J. / Reinke, H. 1982, Historische
     Sozialforschung 1982. Stuttgart: Klett-Cotta (HSF Bd.
     16).

Böltken, F. 1976, Auswahlverfahren. Stuttgart: Teubner
     (Studienskripten Bd. 38).

Bogue, A. G. 1980, "The New Political History in the
     1970s," in Kammen, 231-251.

Bogue, A. G. / Clubb, J. M. / McKibbin R. / Traugott, S. A.
     1976, "Members of the House of Representatives and the
     Processes of Modernization, 1789-1960." Journal of
     American History 63:275-302.

Bogue, A. G. / Clubb, J. M. / Flanigan, W. H. 1977, "The
     New Political History," American Behavioral Scientist
     21:201-220.

Bonham, M. / Shapiro, J. J. (Hrsg.) 1977, Thought and Action
     in Foreign Policy. Basel: Birkhäuser.

Box, , G. E. P. / Jenkins, G. M. 1976, Time-Series Analysis.
     San Francisco: Holden-Day.

Bracher, K.D. (1954) Die Auflösung der Weimarer Republik.
     Stuttgart: Ring Verlag.

Braudel, F. 1958, "La longue durée," Annales ESC 4:725-253.

Burckhardt, Jacob 1969, Weltgeschichtliche Betrachtungen.
     Stuttgart: Kröner.

Byers, E. 1982, "Fertility Transition in a New England
     Commercial Center: Nantucket, Massachusetts, 1680-
     1840." Journal of Interdisciplinary History 13:17-40.

Choucri, N. / North, R. C. 1975, Nations in Conflict:
     National Growth and International Violence. San
     Francisco: Freeman.

Clubb, J. M. / Scheuch, E. K. (Hrsg.) 1980, Historical
     Social Research. The Use of Historical and Process-
     Produced Data. Stuttgart: Klett-Cotta (HSF Bd. 6).

Clubb, J. M. / Traugott, S. A. 1977, "Partisan cleavage an cohesion in the House of Representatives, 1861-1974," Journal of Interdisciplinary History 7:375-401.

Condit, C. W. 1973/1974, Chicago, 1910-1970. Chicago: University of Chicago Press.

Conrad, A. H. / Meyer, J. R. 1957, "Economic Theory, Statistical Inference and Economic History," Journal of Economic History 17:524-544.

Conrad, A.H. / Meyer, J. R. 1958, "The Economics of Slavery in the Ante-bellum South." Journal of Political Economy 66:95-130.

Conzen, K. N. 1983, "Quantification and the New Urban History," Journal of Interdisciplinary History 23:653-677.

Dahl, R. 1961, Who Governs? New Haven: Yale University Press

Danto, A. C. 1974, Analytische Philosophie der Geschichte. Frankfurt: Suhrkamp.

De Vries, John 1980, "Problems in Handling Process-Produced Data," in: Clubb / Scheuch, 431-443.

Demandt, A. 1984, Ungeschehene Geschichte. Ein Traktat über die Frage: Was wäre geschehen, wenn...? Göttingen: Vandenhoeck & Ruprecht.

Diekmann, A. / Mitter, P. 1984, Methoden zur Analyse von Zeitverläufen. Stuttgart: Teubner (Studienskripten Bd. 122).

Dilthey, W. 1883, Einleitung in die Geisteswissenschaften. Versuch einer Grundlegung für das Studium der Gesellschaft und Geschichte. Leipzig: Teubner.

Dilthey, W. 1958, Gesammelte Schriften. Göttingen und Stuttgart: Teubner / Vandenhoeck (4. Auflage).

Dilthey, W. 1976, "Entwürfe zur Kritik der historischen Vernunft," Text aus den Gesammelten Schriften Band 7(1958), 191-220 in Gadamer / Boehm, 189-220.

Donald, D. 1956, Lincoln Reconsidered: Essays on the Civil War Era. New York: Random House.

Droysen, J. G. 1974, Historik. Vorlesungen über Enzyklopädie und Methodologie der Geschichte. Herausgegeben von Rudolf Hübner. Darmstadt: Wissenschaftliche Buchgesellschaft (unveränderter reprografischer Nachdruck der 7. Auflage von 1937, München: Oldenbourg).

Dykstra, A. R. 1968, The Cattle Towns. New York: Alfred Knopf.

Engel-Janosi, F. / Klingenstein, G. / Lutz, H. (Hrsg.) 1974, Denken über Geschichte. München: Oldenbourg.

Erbslöh, E. 1972, Techniken der Datensammlung 1: Interview. Stuttgart: Teubner (Studienskripten Bd. 31).

Erikson, E. H. 1983, Der junge Mann Luther. Eine psychologische und historische Studie. Frankfurt: Suhrkamp.

Everitt, B. 1974, Cluster Analysis. London: Heinemann.

Faber, K.-G. 1971, Theorie der Geschichtswissenschaft. München: C. H. Beck.

Faye, J. P. 1977, Theorie der Erzählung. Frankfurt: Suhrkamp.

Feigenbaum, E. A. 1983, "Knowledge Engineering: The Applied Side," in Hayes/ Michie (Hrsg.) 1983:37-55.

Fiorina, M. P. / Rohde, D. W. / Wissel, P. 1975, "Historical Change in House Turnover," in Ornstein, 24-57.

Fischer, D. H. 1970, Historians' Fallacies. Toward a Logic of Historical Thought. New York / Evanston: Harper & Row.

Fleischer, H. 1977, Marxismus und Geschichte. Frankfurt: Suhrkamp.

Fogel, R. W. 1964, Railroads in American Economic Growth. Baltimore: Johns Hopkins University Press.

Fogel, R. W. / Engerman, S. 1974, Time on the Cross (2 Bde.)
    Boston: Little, Brown.

Forrester, J. W. 1969, Urban Dynamics. Cambridge und London:
    MIT Press.

Forrester, J. W. 1972, Grundsätze einer Systemtheorie.
    Wiesbaden: Gabler.

Frevert, U. 1984, Krankheit als politisches Problem. Soziale
    Unterschichten in Preussen zwischen medizinischer
    Polizei und staatlicher Sozialversicherung. Göttingen:
    Vandenhoeck & Ruprecht.

Frei, D. (Hrsg.) 1977, Theorien der internationalen
    Beziehungen. München: Piper (Piper Sozialwissenshaft
    Bd. 18).

Frei, D. 1984, Assumptions and Perceptions in Disarmament.
    New York: United Nations.

Frei, D. / Gaupp, P. / Uehlinger, H.-M. / Vogel, H. 1980,
    Weltbild und Aussenpolitik - Untersuchungen zur
    aussenpolitischen Meinungsbildung im schweizerischen
    Parlament. Frauenfeld: Huber.

Frei, D. / Ruloff, D. 1983, East-West Relations. 2 Bde.
    Cambridge, Mass.: Oelgeschlager, Gunn & Hain.

Frei, D. / Ruloff, D. 1984, Handbuch der weltpolitischen
    Analyse. Methoden für Praxis, Beratung und Forschung.
    Diessenhofen (Schweiz): Rüegger.

Frey, B. S./ Weck, H. 1981, "Hat Arbeitslosigkeit den
    Aufstieg des Nationalsozialismus bewirkt?" Jahrbücher
    für Nationalökonomie und Statistik 196:1-31.

Frisbie, W. P. 1980, "Urban Sociology in the United States.
    The Past 20 Years," American Behavioral Scientist
    24:177-214.

Frisch, M. H. 1970, "L'histoire urbaine américaine:
    Réflexions sur les tendances récentes," Annales 25:880-
    896.

Frisch, M. H. 1979, "American Urban History as an Example of
     Recent Historiography," History and Theory 28:350-377.

Früh, W. 1981, Inhaltsanalyse. Theorie und Praxis. München:
     Ölschläger.

Furet, F. 1976, "Die quantitative Geschichte und die
     Konstruktion der geschichtlichen Tatsache. in:
     Baumgartner / Rüsen 1976:97-117.

Gadamer, H.-G. 1965, Wahrheit und Methode. Grundzüge einer
     philosophischen Hermeneutik. Tübingen: Mohr (2.
     Auflage).

Gadamer, H.-G. / Boehm, G. (Hrsg.) 1976, Philosophische
     Hermeneutik. Frankfurt: Suhrkamp.

Geiss, I. / Tamchina, R (Hrsg.) 1974, Ansichten einer
     künftigen Geschichtswissenschaft. München / Wien:
     Hanser.

Golden, C. D. 1974, "Urbanization and Slavery: The Issue of
     Compatibility," in Schnore, 231-246.

Graham, H. D. / Gurr, T. R. (Hrsg.) 1979, Violence in
     America: Historical and Comparative Perspectives.
     Beverly Hills: SAGE.

Greenstein, F. I. / Polsby, N. W. (Hrsg.) 1975, Handbook of
     Political Science. 8 Bde., Reading, Mass.: Addison
     Wesley.

Greven, P. 1970, Four Generations: Population, Land, and
     Family in Colonial Andover, Massachusetts. Ithaca,
     N.Y.: Cornell University Press

Groh, D. 1973, Kritische Geschichtswissenschaft in
     emanzipatorischer Absicht. Stuttgart: Kohlhammer.

Grüttner, M. 1984, Arbeitswelt an der Wasserkante.
     Sozialgeschichte der Hamburger Hafenarbeiter 1886-1914.
     Göttingen: Vandenhoeck & Ruprecht.

Grümer, K.-W. 1974. Techniken der Datensammlung 2:
    Beobachtung. Stuttgart: Teubner (Studienskripten Bd.
    32).

Grundlach, R. / Lückerath, C. A. 1976. Historische
    Wissenschaften und elektronische Datenverarbeitung.
    Frankfurt / Berlin / Wien: Ullstein.

Guest, A. M. / Tolnay, S. 1983, "Urban Industrial Sturcture
    and Fertility: The Case of Large American Cities,"
    Journal of Interdisciplinary History 23:387-409.

Habermas, J. 1970, Zur Logik der Sozialwissenschaften.
    Frankfurt: Suhrkamp.

Habermas, J. 1973, Erkenntnis und Interesse. Frankfurt:
    Suhrkamp.

Habermas, J. 1976a, "Zum Thema: Geschichte und Evolution,"
    in Geschichte und Gesellschaft 2:310-357.

Habermas, J. 1976b, Zur Rekonstruktion des Historischen
    Materialismus. Frankfurt: Suhrkamp.

Habermas, J. 1976c, "Über das Subjekt der Geschichte," in
    Baumgartner / Rüsen, 388-396.

Hage, J./ Gargan, E. T. / Hanneman, R. 1980, "Procedures for
    Periodizing History: Determining Distinct Eras in the
    Histories of Britain, France, Germany and Italy," in
    Clubb / Scheuch, 267-283.

Hall, V. B. 1972, Politics Without Parties: Massachusetts,
    1780-1791. Pittsburgh: University of Pittsburgh Press

Hayes, J. E. / Michie, D. (Hrsg.), Intelligent Systems.
    Chichester: Ellis Horwood.

Hempel, C. G. 1942, "The Function of General Laws in
    History," Journal of Philosophy 39:35-48.

Henry, L. 1968a, "Historical Demography." Daedalus 1968:385-
    396.

Henry, L. 1968b, "The Verification of Data in Historical
    Demography." Population Studies 22:61-81.

Hershberg, T. 1978, "The New Urban History: Toward an Interdisciplinary History of the City," Journal of Urban History 5:3-40.

Hofstadter, R. 1955, The Age of Reform: From Bryan To F.D.R. New York: Alfred Knopf.

Hofstadter, R. 1965a, The Paranoid Style in American Politics and Other Essays. New York: Random House.

Hofstadter, R. 1965b, "The Pseudo-conservative Revolt - 1954," in Hofstadter, 41-65.

Holsti, Ole R. 1969a, Content Analysis for the Social Sciences. Reading, Mass.: Addison-Wesley.

Holsti, Ole R. 1969b, "The Belief System and National Images: A Case Study." in Rosenau, 543-550.

Holt, M. F. 1969, Forging a Majority: The Formation of the Republican Party in Pittsburg, 1848-1860. New Haven: Yale University Press

Howell, L. D. 1983, "A Comparative Study of the WEIS and COPDAB Data Sets," International Studies Quaterly 27:149-159.

Hunter, A. 1980, "The Rise of the Chicago School of Urban Social Science," American Behavioral Scientist 24:215-227.

ICPSR 1984, Guide to Resources and Services 1984-1985. Ann Arbor, Michigan: ICPSR.

Iggers, G. G. 1978, Neue Geschichtswissenschaft. München: DTV.

Iker, H. P. 1974/75, "SELECT: A Computer Program to Identify Associationally Rich Words for Content Analysis," I. und II. Computers and the Humanities 8:313-319 / 9:3-12.

Iker, H. P. / Klein, R. 1974, "WORDS: A Computer System for the Analysis of Content," Behavioral Research Methods and Instrumentation 6:430-438.

Jarausch, K. H. (Hrsg.) 1976, Quantifizierung in der Geschichtswissenschaft. Probleme und Möglichkeiten. Düsseldorf: Droste.

Jarausch, K. H. (Hrsg.) 1982, The Transformation of Higher Learning 1860-1930. Expansion, Diversification, Social Opening in England, Germany, Russia and the United States. Stuttgart: Klett-Cotta (HSF Bd. 13).

Jensen, R. J. 1971, The Winning of the Midwest: Social and Political Conflict, 1888-1896. Chicago: University of Chicago Press

Kammen, M. G. (Hrsg.) 1980, The Past Before Us: Contemporary Historical Writing in the United States. Ithaca: Cornell University Press

Kater, M. H. 1976, "Zur Soziographie der frühen NSDAP," in Jarausch, 186-217.

Katz, M. D. / Stern, M. 1978, "Migration and the Social Order in Erie County, New York," Journal of Interdisciplinary History 7:669-701.

Katz, M. D. / Stern, M. 1979, "Population Persistence and Early Industrialization in a Canadian City: Hamilton, Ontario, 1851-1871," Social Science History 2:208-229.

Kindleberger, C. P. 1984, A Financial History of Western Europa. Cambridge, Mass.: MIT Press.

Klein, L. R. 1950, Economic Fluctuations in the United States, 1921-1941. New York: John Wiley.

Klein, L. R. / Young, R. M. 1980, An Introduction to Econometric Forecasting and Forecasting Models. Lexington, Mass.: D. C. Heath.

Kleppner, P. 1970, The Cross of Culture: A Social Analysis of Midwestern Politics 1850-1900. New York: Free Press.

König, R. (Hrsg.) 1952, Praktische Sozialforschung. Dortmund / Zürich: Ardei-Regio.

Kondratieff, N. D. 1926, "Die langen Wellen der Konjunktur,"
    Archiv für Sozialwissenschaft und Sozialpolitik 56:573-
    600.

Kops, Manfred 1977, Auswahlverfahren in der Inhaltsanalyse.
    Meisenheim / Glan: Anton Hain.

Koselleck, R. 1967, "Historia Magistra Vitae," in Natur und
    Geschichte, 196-219.

Koselleck, R. 1968, "Der Zufall als Motivationsrest in der
    Geschichtsschreibung," Poetik und Hermeneutik 3:129-
    141.

Koselleck, R. 1976, "Wozu noch Historie?" in: Baumgartner /
    Rüsen, 17-35.

Kousser, J. M. 1980, "History QUASSHed: Quantitative Social
    Scientific History," American Behavioral Scientist
    23:885-904.

Krippendorf, K. 1980, Content Analysis. An Introduction to
    Its Methodology. Beverly Hills / London: SAGE.

Kruskal, J. B. / Wish, M. 1978, Multidimensional Scaling.
    Beverly Hills: SAGE.

Küchler, M. 1979, Multivariate Analyseverfahren. Stuttgart:
    Teubner (Studienskripten Bd. 35).

Kuhn, H. 1984,   Ideologie - Hydra der Staatenwelt. Band 7
    der Schriftenreihe der Hochschule für Politik,
    München.   Köln / Berlin / Bonn / München: Carl
    Heymanns.

Kuhn, T. S. 1973, Die Struktur wissenschaftlicher
    Revolutionen. Frankfurt: Suhrkamp.

Lambelet, J. C. 1974, "The Anglo-German Dreadnought Race,
    1905-1914," Papers, Peace Research Society
    (International) 22:1-45.

Lambelet, J. C. 1975, " A Numerical Model of the Anglo-
    German Dreadnought Race," Papers, Peace Research
    Society (International) 24:27-48.

Lambelet, J. C. 1976, "A Complementary Analysis of the Anglo-German Dreadnought Race, 1905-1914," Papers, Peace Research Society (International) 26:49-66.

Laslett, P. 1977, "Characteristics of Western Family Considered over Time," Journal of Family History 2:89-115.

Laslett, P. / Well, R. (Hrsg.) 1972, Household and Family in Past Time. Cambridge: Cambridge University Press

Le Roy Ladurie, E. 1982, Love, Death and Money in the Pay D'Oc. New York: Braziller.

Lee, R. D. (Hrsg.) 1977, Populations Patterns in the Past. New York: Academic Press.

Leiner, B. 1976, Spektralanalyse. Einführung in die Theorie und Praxis moderner Zeitreihenanalyse. Opladen: Westdeutscher Verlag.

Leinfellner, W. 1967, Einführung in die Erkenntnis- und Wissenschaftstheorie. Mannheim / Wien / Zürich: Bibliographisches Institut.

Lenczowski, J. 1982, Soviet Perception of US Foreign Policy. A Study of Ideology, Power, and Consensus. Ithaca / London: Cornell University Press

Lineberry, R. L. 1980, "From Political Sociology to Political Economy. The State of Theory in Urban Research." American Behavioral Scientist 24:299-317.

Lisch, Ralf 1979, Assoziationsstrukturanalyse (ASA). Ein Vorschlag zur Weiterentwicklung der Inhaltsanalyse. Publizistik 24:65-83.

Long, S. L. (Hrsg.) 1981, The Handbook of Political Behavior. New York: Plenum Press.

Lübbe, H. 1975, "Der kulturelle und wissenschaftstheoretische Ort der Geschichtswissenschaft," in Simon-Schaefer / Zimmerli, 132-140.

Lübbe, H. 1977, Geschichtsbegriff und Geschichtsinteresse. Analytik und Pragmatik der Historie. Basel und Stuttgart. Schwabe.

Luebke, F.C. 1969, Immigrants and Politics: The Germans of Nebraska, 1880-1900. Lincoln: University of Nebraska Press

Luhmann, N. 1976a, "Evolution und Geschichte," Geschichte und Gesellschaft 2:284-309.

Luhmann, N. 1976b, "Weltzeit und Systemgeschichte," in Baumgartner / Rüsen 1976:337-386.

Lumsden, C. J. / Wilson, E. O. 1981, Genes, Mind, and Culture. The Coevolutionary Process. Cambridge / London: Harvard University Press

Lumsden, C. J. / Wilson, E. O. 1983, Promethean Fire. Reflections on the Origin of Mind. Cambridge / London: Harvard University Press

Lumsden, C. J. / Wilson, E. O. 1984, Wie das menschliche Denken entsteht. München: Piper (Übersetzung von Lumsden / Wilson 1983).

Maier, F. G. 1973, "Das Problem der Universalität." in Schulz, 84-108.

Main, M. T. 1973, Political Parties Before the Constitution. Williamsburg, Virginia: Institute of Early American History and Culture.

Mann, R. 1977, Aktenanalyse, Sampling und Record-Linkage. Das Beispiel der Gestapo-Personalakten. Vortragsmanuskript, QUANTUM-Konferenz, Bad Homburg, 3.-4. Oktober.

Mann, R. (Hrsg.) 1979, Die Nationalsozialisten. Analyse faschistischer Bewegungen. Stuttgart: Klett-Cotta (HSF Bd. 9).

McClelland, C. D. 1983, "Let the User Beware." International Studies Quaterly 27:169-177.

McCloskey, D. 1976, "Does the past have useful economics?" Journal of Economic Literature 14:434-461.

McDowall, D. / McCleary, R. / Meidinger, E. E. / Hay, R. A. Jr. 1976, Interrupted Time Series Analysis. Beverly Hills / London: SAGE.

Merritt, R. L. 1976, Symbols of American Community, 1735-1775. Westport, Conn.: Greenwood Press.

Merten, K. 1983, Inhaltsanalyse. Einführung in Theorie, Methoden und Praxis. Opladen: Westdeutscher Verlag.

Michie, D. 1981, "Expert Systems," General Systems Yearbook 26:125-132.

Montagu, A. (Hrsg.) 1980, Sociobiology Examined. New York: Oxford University Press

Mooser, J. 1984, Ländliche Klassengesellschaft 1770-1848; Bauern und Unterschicht, Landwirtschaft und Gewerbe im östlichen Westfalen. Göttingen: Vandenhoeck & Ruprecht.

Müller, P. J. (Hrg.) 1977, Die Analyse prozess-produzierter Daten. Stuttgart: Klett-Cotta (HSF Bd. 2).

Müller, W. 1980, "The Analysis of Life Histories: Illustrations of the Use of Life History Plots," in Clubb / Scheuch, 164-191.

Mumford, L. 1938, The Culture of Cities. New York: Harcourt Brace.

Namenwirth, J. Zvi 1970, The Changing Language of American Values: A Computer Study of Selected Party Platforms. Beverly Hills: SAGE.

Namenwirth, J. Zvi 1973, "Wheels of Time and the Interdependence of Value Change in America. Journal of Interdisciplinary History 3:649-683.

Naroll, R. / Bullough, V. L. / Naroll, F. 1974, Military Deterrence in History. A Pilot Cross-Historical Survey. Albany: State University of New York Press.

Natur und Geschichte 1967, Festschrift für Karl Löwith.
    Stuttgart: Kohlhammer.

Nelli, H. S. 1970, Italians in Chicago, 1880-1930. A Study
    in Ethnic Mobility. New York: Oxford University Press

Nolte, E. (Hrsg.) 1967, Theorien über den Faschismus. Köln-
    Berlin: Kiepenheuer & Witsch.

North, D. C. 1961, The Economic Growth of the United States
    1790-1860. Englewood Cliffs, N.J.: Prentice-Hall.

North, D. C. 1977, "The New Economic History after Twenty
    Years," in American Behavioral Scientist 21:187-200.

North, D. C. / Thomas, R. P. 1973, The Rise of the Western
    World: A New Economic History. Cambridge: Cambridge
    University Press

Oelkers, J. / Riemer, H.-J. 1974, "Überlegungen zur
    Begründung einer kritischen Geschichtswissenschaft," in
    Geiss/ Tamchina, 89-119.

Oelmüller, W. (Hrsg.) 1977, Wozu noch Geschichte? München:
    Fink.

Olson, M. 1982, The Rise and Decline of Nations: Economic
    Growth, Stagflation and Social Rigidities. New Haven:
    Yale University Press.

Ornstein, J. N. (Hrsg.) 1975, Congress in Change: Evolution
    and Reform. New York: Praeger.

Osgood, C. E. 1959, "The Representation Model and Relevant
    Research Methods." in Pool, 3ff.

Osgood, C. E. / Sapora, S. / Nunn, J. 1956, "Evaluative
    Assertion Analysis," Litera 3:47-102.

Osofsky, G. 1966, Harlem: The Making of a Ghetto. New York:
    Harper & Row.

Paisley, W. J. 1964, "Identifying the Unknown Communicator
    in Painting, Literature and Music: The Significance of
    Minor Encoding Habits," Journal of Communication
    14:219-237.

Parsons, T. 1964, "Evolutionary Universals in Society." ASR
      29:339-357.

Pattee, H. H. (Hrsg.) 1973, Hierarchy Theory. The Challenge
      of Complex Systems. New York: Braziller.

Pintner, W. M. 1980, "The Use of Collective Biography in
      Research on the Imperial Russian Civil Service," in
      Clubb / Scheuch, 225-232.

Polsby, N.W. 1968, "The Institutionalization of the U.S.
      House of Representatives." American Political Science
      Review 62:144-168.

Polsby, N. W./ M. Gallaher / Rundquist, B. 1969, "The Growth
      of the   Seniority System   in the   U.S. House of
      Representatives," American Political Science Review
      63:787-807.

Pool, I. de Sola (Hrsg.), Trends in Content Analysis.
      Urbana, Ill.: University of Illinois Press.

Popper, K. R. 1957, Die offene Gesellschaft und ihre Feinde.
      2 Bde. Bern: Franke.

Price, H. D. 1977, "Career and Committees in the American
      Congress: The   Problem of   Structural Chance," in
      Aydelotte, 28-62.

Rabb, T. K. 1983, "The Development of Quantification in
      Historical Research,"   Journal of   Interdisziplinary
      History 23:591-601.

Rendall, J. H. 1958, Nature and Historical Explanation. New
      York: Columbia University Press.

Reuband, K.-H. 1980, "Life Histories: Problems and Prospects
      of Longitudinal Designs," in Clubb / Scheuch, 135-163.

Richardson, L. F. 1960a, Statistics of Deadly Quarrels.
      Pittsburgh und Chicago: Boxwood-Quadrangle.

Richardson, L. F. 1960b, Arms and Insecurity. Pittsburgh und
      Chicago: Boxwood-Quadrangle.

Rickert, H. 1896, Die Grenzen der naturwissenschaftlichen
     Begriffsbildung. Tübingen: Mohr.

Rickert, H. 1926, Kulturwissenschaft und Naturwissenschaft.
     Tübingen: Mohr (6.und 7. Auflage).

Rokkan, S. 1976, "Data Services in Western Europe.
     Reflections on Variations in the Conditions of Academic
     Institution-Building." American Behavioral Scientist
     19:443-454.

Rosenau, J. N. (Hrsg.) 1969, International Politics and
     Foreign Policy. New York. Free Press.

Rosenberg, A. 1980, Sociobiology and the Preemption of
     Social Sciences. Baltimore, Johns Hopkins University
     Press.

Rowney, D. K. (Hrsg.) 1984, Soviet Quantitative History.
     Beverly Hills / London: SAGE.

Rowney, D. K. / Graham, J. Q. Jr. (Hrsg.) 1969, Quantitative
     History. Selected Readings in the Quantitative Analysis
     of Historical Data. Homewood, Ill.: Dorsey Press.

Rüsen, J. 1974, "Für eine erneuerte Historik," in Engel-
     Janosi et. al. , 227-252.

Rüsen, J. 1976, "Ursprung und Aufgabe der Historik." in:
     Baumgartner / Rüsen, 59-93.

Rüsen, J. 1984, Historische Vernunft. Grundzüge einer
     Historik I: Die Grundlagen der Geschichtswissenschaft.
     Göttingen: Vandenhoeck & Ruprecht

Rüsen, J. / Süssmuth, H. (Hrsg.) 1980, Theorien in der
     Geschichtswissenschaft. Düsseldorf: Schwann.

Ruloff, D. 1983, "Ursachen 'klimatischer' Schwankungen in
     den Ost-West-Beziehungen." PVS Sonderheft 1983:141-162.

Ruloff, D. 1984, Geschichtsforschung und Sozialwissenschaft.
     Eine vergleichende Untersuchung zur Wissenschafts- und
     Forschungskonzeption in Historie und Politologie.
     München: Oldenbourg.

Ruloff, D. 1985, Wie Kriege beginnen. München: C. H. Beck.

Runyan, W. M. 1982, Life Histories and Psychobiography. New York: Oxford University Press.

Sahlins, M. 1976, The Use and Abuse of Biology. Ann Arbor: Michigan University Press

Sahner, H. 1982, Statistik für Soziologen 2: Schliessende Statistik. Stuttgart: Teubner (Studienskripten Bd. 23).

Sandkühler, H.-J. 1973, Praxis und Geschichtsbewusstsein. Frankfurt: Suhrkamp.

Sandkühler, H.-J. 1975, Marxistische Wissenschaftstheorie. Studien zur Einführung in ihren Forschungsbereich. Frankfurt: Fischer Athenäum.

Schumacher, J. A. 1984, "The Model of a Human Being in Public Choice Theory," American Behavioral Scientist 28:211-231.

Schaff, A. 1970, Geschichte und Wahrheit. Wien / Frankfurt / Zürich: Europa Verlag.

Schmidt, A. 1977, Zur Problematik einer marxistischen Historik. in Oelmüller, 135-181.

Schnore, L. F. (Hrsg.) 1974, The New Urban History: Quantitative Explorations by American Historians. Princeton: Princeton University Press

Schnore, L. F. 1974a, "Further Reflections on the 'New' Urban History: A Prefatory Note," in Schnore, 3-11.

Schröder, W. H. (Hrsg.) 1979, Moderne Stadtgeschichte. Stuttgart: Klett-Cotta (HSF Bd. 8).

Schröder, W. H. 1980, "Quantitative Analysis of Collective Life Histories: The Case of the Social Democratic Candidates fo the German Reichstag 1898-1912," in Clubb / Scheuch 203-224.

Schröder, W. H. / Spree, R. (Hrsg.) 1980, Historische Konjunkturforschung. Stuttgart: Klett-Cotta.

Schulz, G. (Hrsg.) 1973, Geschichte heute. Positionen, Tendenzen, Probleme. Göttingen: Vandenhoeck & Ruprecht.

Scott, M. 1969, American City Planning Since 1890. Berkeley: University of California Press.

Sharlin, A. N. 1977, "Historical Demography as History and Demography," American Behavioral Scientist 21:245-259.

Sharpless, J. B. / Warner, S. B. Jr. 1977, "Urban History," American Behavioral Scientist 21:221-244.

Silbey, J. H. 1983, "'Delegates Fresh from the People': American Congressional and Legislative Behavior," Journal of Interdisciplinary History 23:603-627.

Simon, H. A. 1973, "The Organization of Complex Systems," in Pattee, 3-27.

Simon-Schaefer, R. / Zimmerli, W. C. (Hrsg.) 1975, Wissenschaftstheorie der Geisteswissenschaften. Hamburg: Hoffmann und Campe.

Singer, J. D. / Small, M. 1972, The Wages of War 1816-1965. A Statistical Handbook. New York-London-Sydney-Toronto: John Wiley.

Singer, J. D. / Small, M. 1982, Resort to Arms, 1916-1980. Beverly Hills: SAGE.

Smith, D. S. 1983, "Sociobiology and History", Journal of Interdisciplinary History 23:301-310.

Snydacker, D. 1982, "Kinship and Community in Rural Pennsylvania, 1749-1820," Journal of Interdisciplinary History 23:41-61.

Sodeur, W. 1974, Empirische Verfahren zur Klassifikation. Stuttgart: Teubner (Studienskripten Bd. 42).

Sorokin, P. 1937ff., Social and Cultural Dynamics. 4 Bde., New York: Bedminster Press (Reprint).

Spear, A. H. 1967, Black Chicago: The Making of a Negro Ghetto, 1890-1920. Chicago: University of Chicago Press

Starobin, R. S. 1969, Industrial Slavery in the Old South. New York: Oxford University Press

Stoll, R. J. 1984, "Bloc Concentration and the Balance of Power," JCR 28:25-50.

Stone, P. J. / Dunphy, D. C. / Smith, M. S. / Ogilvie, D. 1966, The General Inquirer. A Computer Approach to Content Analysis. Cambridge / London: MIT Press.

Swierenga, R. P. (Hrsg.) 1970, Quantification in American History: Theory and Research. New York: Atheneum.

Sylvan, D. A. / Chan, S. 1984, Foreign Policy Decision Making. New York: Praeger.

Taagepera, R. 1968, "Growth curves of empires," General Systems 13:171-175.

Taagepera, R. 1979, "Size and Duration of Empires," Social Science History 3:115-138.

Thompson, W. R. / Zuk, L. G. 1982, "War, Inflation, and the Kondratieff Long Wave," in JCR 26:621-644.

Thomas, R. P. 1965, " A Quantitative Approach to the Study of the Effects of British Policy upon Colonial Welfare." in Journal of Economic History 25, 615-638.

Tilly, C. 1974, An Urban World. Boston: Little, Brown.

Tilly, C. 1975, "Revolutions and Collective Violence," in Greenstein / Polsby, Bd. 3, 483-555.

Tilly, C. 1976, "Major Forms of Collective Action in Western Europa 1500-1975," Theory and Society 3:365-375.

Tilly, C. 1978, From Mobilization to Revolution. Reading, Mass.: Addison-Wesley.

Tilly, C. (Hrsg.) 1978a, Historical Studies of Changing Fertility. Princeton: Princeton University Press

Tilly, C. 1979, "Collective Violence in European Perspective," in Graham / Gurr, 83-118.

Tilly, C. / Hohorst, G. 1976, "Sozialer Protest in Deutsch-
     land im 19. Jahrhundert: Skizze eines Forschungs-
     ansatzes," in Jarausch, 232-278.
Überla, K. 1971, Faktorenanalyse. Berlin: Springer Verlag
     (2. Auflage).
Urban, D. 1982, Regressionstheorie und Regressionstechnik.
     Stuttgart: Teubner (Studienskripten Bd. 36).
Van de Walle, E. 1974, The Female Population of France in
     the Nineteenth Century: A Reconstruction of 82
     Departments. Princeton: Princeton University Press
Vincent, Jack E. 1983, "WEIS vs. COPDAB: Correspondence
     Problems." International Studies Quaterly 27:161-168.
Vinovskis, M. A. 1977, "From Household Size to the Life
     Course: Some Observations on Recent Trends in Family
     History," American Behavioral Scientist 21:263-287.
Vinovskis, M. A. 1983: "Quantification and the Analysis of
     American Antebellum Education," Journal of
     Interdisciplinary History 23:761-786.
Wade, R. C. 1959, The Urban Frontier. Cambridge, Mass.:
     Harvard University Press
Wade, R. C. 1964, Slavery in the Cities: The South, 1820-
     1860. New York: Oxford University Press
Ward, M. D.1982, "Cooperation and Conflict in Foreign Policy
     Behavior." International Studies Quaterly 26:87-126.
Weede, E. 1975, Weltpolitik und Kriegsursachen im 20.
     Jahrhundert. Eine quantitativ-empirische Studie.
     München: Oldenbourg.
Wehler, H.-U. 1973a, Geschichte als historische
     Sozialwissenschaft. Frankfurt: Suhrkamp.
Wehler, H.-U. 1973b, Das Deutsche Kaiserreich 1871-1918.
     Göttingen: Vandenhoeck & Ruprecht.
Wellmer, A. 1969, Kritische Gesellschaftstheorie und
     Positivismus. Frankfurt: Suhrkamp.

Weymann, A. 1973, "Bedeutungsfeldanalyse. Versuch eines neuen Verfahrens der Inhaltsanalyse am Beispiel Didaktik der Erwachsenenbildung." Kölner Zeitschrift für Soziologie und Sozialpsychologie 25:761-777.

White, E. (Hrsg.) 1981, Sociobiology and Human Politics. New York: Oxford University Press

Williams, G. C. 1966, Adaption and Natural Selection. Princeton, Princeton University Press.

Wilson, E. O. 1975, Sociobiology: The New Synthesis. Cambridge: Harvard University Press

Wilson, E. O. 1978, On Human Nature. Cambridge: Harvard University Press

Winchester, I. 1970, "The Linkage of Historical Records by Man and Computer: Techniques and Problems," Journal of Interdisciplinary History 1:107-124.

Winchester, I. 1980, "Priorities for Record Linkage: A Theoretical and Practical Checklist," in Clubb / Scheuch, 414-430.

Wittfogel, K. A. 1977, Die Orientalische Despotie. Eine vergleichende Untersuchung totaler Macht. Frankfurt / Berlin / Wien: Ullstein.

Wright, Q. 1971, A Study of War. Chicago und London: Chicago University Press (1. Aufl. 1942).

Yule, George U. 1944, The Statistical Study of Literature Vocabulary. Cambridge: Cambridge University Press (2. Aufl. 1968).

Studienskripten zur Soziologie